大数据与人工智能技术丛书

Python
数据采集与分析 微课视频版

王瑞胡　杨文艺　主　编

谢　壹　王春宝　副主编

清華大学出版社

北京

内 容 简 介

本书以 Python 数据采集与数据分析作为中心，不求面面俱到，但求精练并强调实用性，注重提高学生应用 Python 解决实际问题能力的培养与训练。全书内容共分三篇 13 章，第一篇先介绍 Python 开发环境，然后从 Python 数据类型、程序控制流程、函数、字符编码与文件读写、面向对象的编程思想等方面介绍了 Python 编程的基础内容；第二篇主要从网络爬虫、Scrapy 爬虫框架等方面介绍如何应用 Python 进行网页数据的采集；第三篇则是对采集到的数据进行分析，介绍 Python 中常用到的两种数据结构——Series 和 DataFrame，以及基于这两种数据对象的基本操作，还介绍如何绘制常用的基本图形，如折线图、饼图、箱线图等，包括统计学中的相关分析与关联分析，最后介绍文本挖掘与分析相关内容。

本书在内容组织与编写上尽量做到逻辑严密、结构合理，可供计算机、大数据、人工智能等相关专业的学生使用，也可供经管类等其他专业的学生用于商业数据分析。

图书在版编目(CIP)数据

Python 数据采集与分析：微课视频版/王瑞胡，杨文艺主编.—北京：清华大学出版社，2024.1
(大数据与人工智能技术丛书)
ISBN 978-7-302-63787-5

Ⅰ.①P…　Ⅱ.①王…②杨…　Ⅲ.①软件工具－程序设计　Ⅳ.①TP311.561

中国国家版本馆 CIP 数据核字(2023)第 101403 号

责任编辑：黄　芝　张爱华
封面设计：刘　键
责任校对：郝美丽
责任印制：沈　露

出版发行：清华大学出版社
　　　　　网　　址：https://www.tup.com.cn，https://www.wqxuetang.com
　　　　　地　　址：北京清华大学学研大厦 A 座　　　邮　　编：100084
　　　　　社 总 机：010-83470000　　　　　　　　　邮　　购：010-62786544
　　　　　投稿与读者服务：010-62776969，c-service@tup.tsinghua.edu.cn
　　　　　质量反馈：010-62772015，zhiliang@tup.tsinghua.edu.cn
　　　　　课件下载：https://www.tup.com.cn，010-83470236
印 装 者：北京同文印刷有限责任公司
经　　销：全国新华书店
开　　本：185mm×260mm　　　印　　张：12.5　　　字　　数：328 千字
版　　次：2024 年 1 月第 1 版　　　　　　　　　　印　　次：2024 年 1 月第 1 次印刷
印　　数：1～1500
定　　价：39.80 元

产品编号：099414-01

前　言

在《"十四五"规划纲要》全文中，"数字"关键词出现了 75 处，"第五篇 加快数字化发展 建设数字中国"单独点题，强调要迎接数字时代，激活数据要素潜能，加快建设数字经济、数字社会等，以数字化转型整体驱动生产方式、生活方式和治理方式变革。因此，专业办学应主动对接产业数字化、数字产业化发展需求，瞄准未来前沿新格局，基于未来社会及行业发展需求原点，瞄准新业态，融入新技术，重视多学科交叉前沿理念，突出大数据智能化等在专业建设中的作用，推动传统专业建设与人才培养的转型与升级。

本书的出发点是对传统的教材进行结构优化及内容重组，并结合传统人文社科类专业数字化改造需求，聚焦数据分析中的 Python 数据采集与分析，让相关专业学生通过系统学习，具备一定的数字素养与解决实际问题的复合能力。

本书主要介绍了 Python 编程中常用到的数据类型及程序编写中的控制流程与设计逻辑，函数的创建与调用，常见编码类别及文件的读写与打开、关闭操作。在此基础上，以数据采集与分析为主线，介绍了网络爬虫原理与实现技术、Scrapy 爬虫框架，以及 numpy、pandas、matplotlib 数据整理与分析工具包的应用，最后结合文本挖掘与分析，介绍了文本特征提取、文本分类及文本分析的原理与应用。

本书由王瑞胡和杨文艺任主编，谢壹、王春宝任副主编。第 1～8 章由王瑞胡编写，第 9 章和第 13 章由杨文艺编写，第 10 章和第 11 章由王瑞胡、谢壹共同编写，第 12 章由王瑞胡、王春宝共同编写，全书由王瑞胡完成统稿。

本书的出版得到重庆市 2020 年高等教育教学改革研究重点项目(项目编号：202075)、重庆文理学院"合格＋"多元人才培养试点项目(未来数字文旅创新人才培养实验班)等资助。在本书的编写过程中，参阅了 Python 数据采集与分析相关书籍、网上的一些资料和一些在线学习平台的课程，在此向这些文献资料的作者及团队表示感谢。

最后，特别感谢清华大学出版社的大力支持，使得本书得以顺利出版。

由于编者水平有限，书中难免有疏漏之处，敬请读者批评指正。

编　者

2023 年 6 月

目 录

第一篇　Python 开发环境部署和编程基础

第二篇 Python 数据采集

第三篇　Python 数据分析

第一篇
Python开发环境部署和编程基础

第 1 章

Python开发环境部署

1.1 Anaconda3 的安装与部署

Python 开发环境推荐使用 **Anaconda** 并配合微软公司开发的免费开源代码编辑器 **Visual Studio Code** 以及 Jupyter Notebook 使用。Anaconda 提供 Python 的编译环境,包含 conda、Python 以及常用的工具包,如 numpy、pandas 等。

安装好后,会有多个应用,如图 1.1 所示。其中 Anaconda Navigator 是用于管理工具包和环境的图形用户界面;Jupyter Notebook 提供一个基于 Web 的交互式计算环境,可以编辑易于人们阅读的文档,用于展示数据分析的过程;其他如 Spyder 则是一个使用 Python 语言、跨平台的、科学运算集成开发环境。

安装完成后,还需要进一步配置环境变量。以 Windows 10 为例,依次单击"控制面板"→"系统和安全"→"系统"→"高级系统设置",出现图 1.2 所示的对话框。

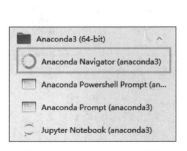

图 1.1 Anaconda 功能模块

图 1.2 "系统属性"对话框

单击图 1.2 中的"环境变量"按钮,弹出如图 1.3 所示的"环境变量"对话框,双击 Path 变量,弹出"编辑环境变量"对话框,添加 Anaconda 的安装目录的 Scripts 文件夹。这里的路径是"C:\Users\wangr\anaconda3\Scripts",使用者需要依据安装路径不同做相应调整。

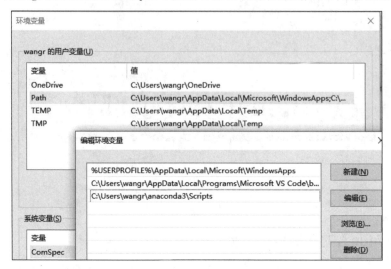

图 1.3　环境变量配置

环境变量配置好之后,可以打开命令行(最好用管理员模式打开)输入 conda -version 命令并按 Enter 键,如果输出 conda 4.12.0 之类的信息就说明环境变量配置成功。

为了避免可能发生的错误,在命令行输入 conda upgrade -all 可将所有工具包进行升级。

1.2　Anaconda3 的使用

单击图 1.1 中的 Anaconda Navigator(anaconda3),出现如图 1.4 所示的界面。

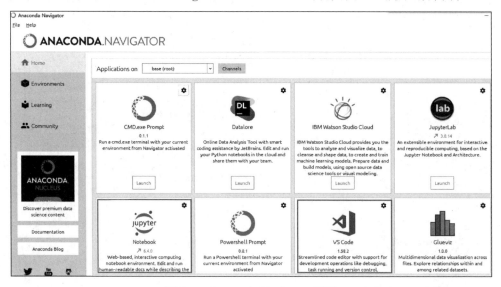

图 1.4　Anaconda Navigator 界面

本书主要用到了其中的 VS Code、Jupyter Notebook 作为代码编辑器,以及交互式 IDE 运行环境。

也可以通过单击图 1.1 中的 Jupyter Notebook(anaconda3)直接进入 Jupyter Notebook

运行环境,如图1.5所示。

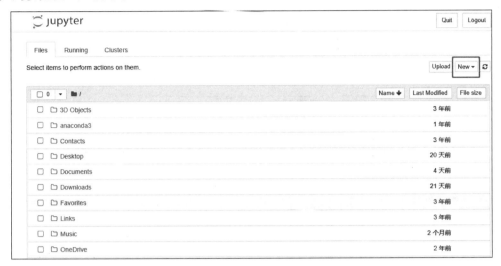

图 1.5　Jupyter Notebook 运行环境

不管是基于 Windows 系统、mac 系统,还是 Linux 系统,开发环境的安装都不是难事,本书不专门详细介绍开发环境的安装部署过程,网上相关资料也很丰富。本书所涉内容均以 Windows 系统为例进行介绍,其他的开发编译环境如 Python IDLE 等也完全支持本书代码的运行。

1.3　Jupyter Notebook 的使用

单击图 1.5 右上方的 New 按钮,弹出如图 1.6 所示的下拉菜单,单击其中的 Python 3,进入 Jupyter Notebook 运行界面。

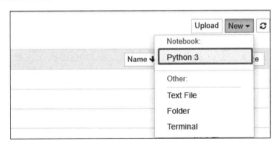

图 1.6　创建 Python 3 运行环境

图 1.7 为 Jupyter Notebook 的运行界面,可将其分为两部分,分别是仪表盘(dashboard)和编辑器(editor)。仪表盘是 Jupyter Notebook 服务器启动后打开的默认 Web 界面,其本质是一个 Web 应用程序;编辑器是 Jupyter Notebook 的文档编辑、运行界面,可对 Python 代码进行编辑、编译(解释)及运行,尤其便于进行交互式数据处理与分析。

Jupyter Notebook 的运行界面包括标题栏、菜单栏、工具栏、单元格(cell)、单元格状态栏、内核状态栏等,如图 1.7 所示。

标题栏显示文件名及文件的保存状态;菜单栏用于显示编辑器菜单;工具栏用于显示编辑器常用工具按钮;单元格是 Jupyter Notebook 的主要组成部分,用于编辑代码、文本等;单元格状态栏用于显示单元格的模式;内核状态栏用于显示内核的状态。

该运行界面常用的工具栏按钮及功能如表 1.1 所示。

图 1.7　Jupyter Notebook 的运行界面

表 1.1　Jupyter Notebook 常用工具栏按钮及功能

序　号	图　　标	功　　能
1	💾	保存并建立检查点
2	➕	在当前单元格下方插入空白代码单元格
3	✂	剪切选中的代码块
4	📋	复制选中的代码块
5	📋	在当前单元格下方插入空白单元格,并将复制的代码块粘贴其中
6	⬆	上移选中单元格
7	⬇	下移选中单元格
8	▶ 运行	运行代码块
9	■	中断内核
10	C	重启内核
11	⏭	重启内核,然后重新运行整个 Notebook

　　除了表 1.1 中列出的常用工具栏按钮之外,Jupyter Notebook 还提供快捷键访问,常用的快捷键及功能如表 1.2 所示。

表 1.2　Jupyter Notebook 常用快捷键及功能

序　号	快　捷　键	功　　能
1	Ctrl+Enter	运行当前单元格
2	Shift+Enter	运行当前单元格并跳转到下一单元格
3	Alt+Enter	运行当前单元格并在下方新建单元格
4	A	在当前单元格上方新建单元格
5	B	在当前单元格下方新建单元格
6	双击 D	删除当前单元格

第 **2** 章

Python编程基础

2.1 Python 编程语言概述

Python 是一门开源免费、通用型的脚本编程语言，它于 1990 年由荷兰人 Guido van Rossum 开发。2010 年以后随着移动互联网、大数据和人工智能的兴起，Python 又重新焕发出了耀眼的光芒。2022 年 12 月，全球知名 TIOBE 编程语言社区发布了当月编程语言排行榜，Python 高居榜首，高于 Java 和 C 语言。

Python 之所以非常流行，主要原因有三点：一是 Python 简单易用，学习成本低；二是 Python 标准库和第三方库众多，功能强大，既可以开发小工具，又可以开发企业级应用；三是 Python 顺应了人工智能和大数据的潮流，具有天然优势。

Python 的应用场景主要包括：

（1）Web 应用开发。借助于 Web 应用框架，如 Django、Flask、Pyramid 等，可使得 Python 开发网络应用程序变得简单、高效。

（2）数据分析与挖掘。利用 Python 进行数据分析与挖掘常用到的第三库有 numpy、pandas、matplotlib 等，小到一个字符替换，大到数据清洗与整理，Python 均可以轻易实现；还可以利用 Python 进行 K 线图分析、金融数据分析模型搭建、文本分析、自然语言处理等。

（3）AI 应用程序设计开发。很多大型互联网公司都有自己的 AI 应用接口，而这些应用大多都提供了 Python 接口。通过调用这些接口，可以实现诸如文字及物体识别、目标检测等应用程序；还可以通过 TensorFlow、Keras、scikit-learn、Caffe 等深度学习框架，实现一些具体场景的高级应用。

（4）网络爬虫应用开发。Python 是编写网络爬虫的首推语言，可以利用 Python 实现一些简单的图片、文本抓取，并以指定的文件格式存放在本地；还可以利用 Scrapy、Crawley 等第三方库，实现海量数据的获取。

（5）嵌入式应用开发。Python 的强大之处在于它是解释性语言，并且是跨平台的，对于当前主流操作系统基本都支持 Python 开发。借助于 MicroPython 等第三方库，可以通过 Python 脚本语言开发单片机程序，实现硬件底层的访问和控制。

（6）网络安全应用开发。Python 也可以应用于网络安全应用开发，可以用 requests 模块进行 Web 请求；用 sockets 编写 TCP 网络通信程序；解析和生成字节流可以使用 struct 模块。如果要对底层网络数据包进行解析,还可用到 scapy 这样一个 Python 模块和交互式程序。

(7) 桌面应用开发。应用 Python 的标准 Tk GUI 工具包接口 Tkinter,可以快速开发一款桌面应用;第三方库如 PyQt、PySide、PySimpleGUI、Kivy、wxPython 等也可以用于开发一款界面美观的 GUI 应用。

(8) 自动化运维设计。运维在互联网时代具有举足轻重的作用,伴随着云时代、物联网的到来,无论数据还是服务器规模都达到空前的庞大,企业对运维人员的需求由运行维护逐渐转变为研发型运维。Python 是运维的标配语言,由于其胶水语言特性,可以利用它将系统中各个工具进行整合,也可以使用它对现有工具进行二次开发,使得产品生命周期变得更加完整。

(9) 游戏开发。使用 Python 中的 PyGame,可以实现一些简单的 2D 游戏。对于 3D 游戏,则可利用第三方框架 Panda3D,它带有完整的 3D 游戏引擎模块,支持 Python 和 C++。

2.2　第一个 Python 程序

在 Jupyter Notebook 编辑区域(某一个单元格)中输入以下代码:

```
greetings = "Hello, Python Programming"
print(greetings)
```

单击工具栏中的"运行"按钮,或按 Ctrl＋Enter 组合键,运行结果如图 2.1 所示。

```
In [1]: greetings ="Hello, Python Programming"
        print(greetings)

        Hello, Python Programming
```

图 2.1　在 Jupyter Notebook 中运行一个 Python 程序

代码中的第一行语句是将字符串"Hello, Python Programming"赋给变量 greetings,第二行语句则是调用 Python 的内置函数 print(),将 greetings 变量的内容输出。Python 编程不需要事先声明变量,也不需要指定变量的类型,它是根据赋值符号"="右侧的值,自动推导出变量中存储数据的类型。在 Python 中,每个变量在使用前都必须赋值,变量赋值以后该变量才会被创建。

图 2.1 中的"="用来给变量赋值,"="的左边是一个变量名,右边是存储在该变量中的值。在 Jupyter Notebook 交互式应用编程环境中,除了可以调用 print()函数输出数据之外,还可以直接输入一个变量名,单击"运行"按钮,也能实现 print()函数的效果,如图 2.2 所示。

```
In [1]: greetings = "Hello, Python Programming"
        greetings

Out[1]: 'Hello, Python Programming'
```

图 2.2　直接通过变量名输出结果

2.3　Python 中模块的应用

如 2.1 节中所述,Python 之所以如此流行,是因为 Python 标准库和第三方库众多,功能强大。即使是一个 Python 初学者,也很容易利用这些模块库,以及第三方库实现诸如网络数据抓取、数据清洗、数据可视化、文本特征提取与分析等复杂功能。

这里以隐藏密码功能为例,介绍 getpass 模块的应用。图 2.3 中的代码用于验证用户输入的用户名和密码是否正确。可以发现,当用户输入密码时,密码明文也同样显示出来,容易造成密码信息泄露,因此需要进行处理。实现密码隐藏的功能,可以用到 getpass 模块。

```
while True:
    userName = input('请输入用户名:')
    pwd = input('请输入密码: ')
    if (userName == 'username'  and pwd == '123456'):
        print('输入正确。')
        break
    else:
        print('你输入的用户名或密码不对,请重新输入!')
        continue

请输入用户名:username
请输入密码:123456
输入正确。
```

图 2.3　用 while 循环实现验证用户名和密码是否正确

参考代码及实现效果如图 2.4 所示。

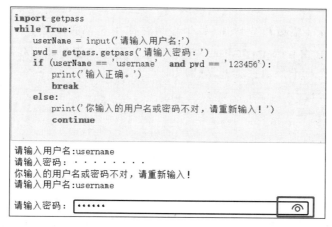

```
import getpass
while True:
    userName = input('请输入用户名:')
    pwd = getpass.getpass('请输入密码: ')
    if (userName == 'username'  and pwd == '123456'):
        print('输入正确。')
        break
    else:
        print('你输入的用户名或密码不对,请重新输入!')
        continue

请输入用户名:username
请输入密码: ········
你输入的用户名或密码不对,请重新输入!
请输入用户名:username
请输入密码: ······
```

图 2.4　应用 getpass 模块实现密码隐藏的功能

该代码中的 getpass 模块是 Python 中用于获取密码的模块,它提供了一种安全的方式获取密码,避免密码被其他人看到。它在终端上读取用户输入,但不会将输入打印到屏幕上,从而保证密码的安全性。也可通过单击图 2.4 中"请输入密码"文本框中的眼睛图标,用于切换是否显示密码明文。

这段代码融合了程序控制结构中的三种——顺序结构、选择分支结构、循环结构,后续章节中将详述。

第 **3** 章

数 据 类 型

Python 中的变量不需要事先声明，每个变量在使用前都必须赋值。Python 中的变量不同于其他编程语言，它没有类型，所谓的"类型"是变量在内存中存储的对象的类型。

Python 提供 6 个标准的数据类型，分别为：

- 数字(number)。
- 字符串(string)。
- 列表(list)。
- 元组(tuple)。
- 集合(set)。
- 字典(dictionary)。

其中，number、string、tuple 为不可变数据；list、dictionary、set 为可变数据。

3.1 数字

Python 支持的数字类型有 int(整型)、float(浮点型)、bool(布尔型)、complex(复数)，可以通过内置的 type()函数查看变量所指的对象类型，如图 3.1 所示。

Python 可以同时为多个变量赋值，如图 3.1 中的 4 个变量赋值，还可以写成如图 3.2 所示的形式。

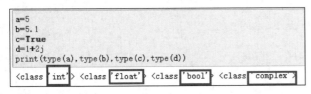

图 3.1　Python 的数字数据类型

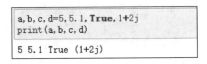

图 3.2　Python 支持同时给多个变量赋值

 小贴士

(1) 这里的变量 a、b、c 等，在程序设计语言中还有一个专业名称，称为标识符(identifier)。标识符是编程语言中允许作为对象名字的符号串。标识符分为两类：一类是系统自带的标识符，称为关键字(或保留字)，如 False、None、in、def、if、try、import、global、pass 等；另一类是

程序开发者自己定义的标识符。需要注意的是,不能用系统关键字来定义用户自己的标识符。

（2）Python 中标识符要求首字符必须是字母或下画线;非首字符可以是字母、数字或下画线的任意组合。

（3）Python 中一行定义多个变量有两种不同的方式:一是形如"a1,b1,c1,d1 = 1,2,3,4";另一种采用中间用";"隔开的形式,如"a2=5;b2=6;c2=7;d2=8",如图 3.3 所示。

但在实际编程中并不推荐在一行定义多个变量,每一行只定义一个变量并移除分号更符号规范。

```
a1,b1,c1,d1 = 1,2,3,4
a2=5;b2=6;c2=7;d2=8
print("a1=%d b1=%d c1=%d d1=%d"%(a1,b1,c1,d1))
print("a2=%d b2=%d c2=%d d2=%d"%(a2,b2,c2,d2))

a1=1 b1=2 c1=3 d1=4
a2=5 b2=6 c2=7 d2=8
```

图 3.3 Python 支持一行定义多个变量

3.2 字符串

Python 中的字符串用单引号(')或双引号(")括起来,同时使用反斜杠(\)转义特殊字符。实际运算中,常需要对字符串进行截取操作,字符串的截取语法格式如下:

变量[头下标:尾下标]

索引值以 0 为开始值,-1 表示从末尾的开始位置。

执行以下代码:

```
s = "Python Programming"
t0,t1 = s[0:6],s[:-12]
print(t0,t1)
```

此时输出的结果为 Python Python。

一般而言,如执行 s[m:n]对字符串 s 进行截取操作,截取的子串为 s[m]到 s[n-1]的所有字符。如果省略 m,则从 s[0]开始;如果省略 n,则包含最后一个字符。

如果依次执行 s[:-12]、s[-11:]、s[7:],则输出的结果分别为 Python、Programming、Programming。

除字符串的截取操作以外,还可以对字符串进行拼接操作,如:

```
s1,s2 = "Python"," Programming"
s1 + s2
```

输出的结果为 Python Programming。

字符串的格式化操作可以通过以下方式实现。

1. 通过"格式符+类型码"来实现

"格式符+类型码"中的"%s"表示以字符串形式显示,"%f"表示以浮点数显示,"%d"表示以整数显示。

%s 表示先占一个字符串类型的位置。占完位置之后,再以%的形式在后面补上要填充的内容,如果是多个数据,就把它们放进括号内,按顺序填充,用逗号隔开(其他类似),如图 3.4所示。

```
print("%s: %d %s: %d %s: %d"%("金牌",32,"银牌",21,"铜牌",16))

金牌: 32 银牌: 21 铜牌: 16
```

图 3.4 通过"格式符+类型码"实现字符串的格式化输出

2. 通过 format()函数来实现

format()函数用来占位的是大括号,不用区分类型码(%+类型码)。具体的语法为:

'str.format()'

结果如图 3.5 所示。

```
print("{} {}:{} {}:{} {}:{}\n{} {}:{} {}:{} {}:{}\n{} {}:{} {}:{} {}:{}"\
        .format("中国","金牌",32,"银牌",21,"铜牌",16,"美国","金牌",25,"银牌",29,"铜牌",21,\
        "日本","金牌",20,"银牌",7,"铜牌",11))
中国 金牌:32 银牌:21 铜牌:16
美国 金牌:25 银牌:29 铜牌:21
日本 金牌:20 银牌:7 铜牌:11
```

图 3.5   通过 format()函数实现字符串的格式化输出

小贴士

当一行内容过长时,为显示及代码阅读、调试方便,可将其写成多行语句,每行用\结尾,表示该行内容还未结束。

format()函数也接收通过参数传入的数据,如图 3.6 所示。

```
china = {"金牌":32,"银牌":21,"铜牌":16}
print("金牌:{2}  银牌:{1} 铜牌:{0}".format(china["铜牌"],china["银牌"],china["金牌"]))
金牌:32 银牌:21 铜牌:16
```

图 3.6   format()函数通过参数传入数据

上述代码中{}中的数字用于指定 format()函数的参数位置,如果不指定位置,默认按顺序对应。

3.3   列表

列表的代码格式为:

列表名 赋值号 中括号[数据 1,数据 2,…,数据 n]

这里的每一个数据称为一个元素,每个元素之间用英文的逗号隔开。列表中可以存放各种不同类型的数据。

例如,环球网报道,2021 年 8 月 3 日 0～24 时,31 个省(自治区、直辖市)和新疆生产建设兵团报告新增新冠肺炎确诊病例 96 例,其中境外输入病例 25 例(云南 7 例,福建 4 例,江苏 3 例,上海 2 例,浙江 2 例,广东 2 例,天津 1 例,山西 1 例,辽宁 1 例,河南 1 例,四川 1 例),本土病例 71 例(江苏 35 例,湖南 15 例,湖北 9 例,山东 6 例,云南 3 例,河南 2 例,福建 1 例)(https://baijiahao.baidu.com/s?id=1707122193327071221&wfr=spider&for=pc)。用列表表示江苏省的新增本土比例和境外输入病例为:

numberofConfirmedCases = ["江苏",35,3]

```
for i in numberofConfirmedCases:
    print(i)
江苏
35
3
```

图 3.7   利用 for 语句遍历列表中的数据

如果要遍历列表中的每一个数据,可以采用 for 语句构造循环来实现,如图 3.7 所示。

列表有如下几种操作。

1. 从列表中提取单个元素

列表中每个元素都有自己的位置,称为偏移量,从 0 开始计,如 list1[0]。

2．从列表中提取多个元素

方法：

```
list[m:n]
```

冒号左右两边的数字 m、n 指列表中的偏移量,通过冒号来截取列表元素的操作称为**切片**,即将列表中的某个片段拿出来处理。列表切片的口诀为：左右空,取到头；左要取,右不取。冒号左边空,就要从偏移量为 0 的元素开始取；右边空,就要取到列表的最后一个元素。

偏移量取到的是列表中的元素,而切片则是截取了列表的某部分,所以结果还是列表。

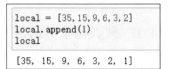

图 3.8　通过 append()实现向列表中添加数据

3．向列表中添加元素

例如,有列表 local = [35,15,9,6,3,2],通过 append()操作向该列表中添加一个元素,如图 3.8 所示。

如果要添加多个元素,如写成 local.append(3,1),编译器会提示报错,显示如图 3.9 所示的错误信息。

```
local.append(3,1)
----------------------------------------------------------------
TypeError                              Traceback (most recent call last)
<ipython-input-5-9d5b6af0ac90> in <module>
----> 1 local.append(3,1)

TypeError: append() takes exactly one argument (2 given)
```

图 3.9　Python 不支持一次性往列表中添加多个元素

小贴士

（1）用 append()给列表添加元素,每次只能添加一个元素。列表中的元素可以是字符串、数字等,也可以是列表本身,即列表内部支持嵌套。

（2）append()函数后的参数只要满足数量为 1 即可,单个列表也会视作一个元素；append()后的元素会添加在列表的末尾。

（3）append()函数并不生成一个新列表,而是在列表末尾新增一个元素。而且,列表长度可变,理论容量无限,所以支持任意的嵌套。

可将上述代码修改成如图 3.10 所示的形式。

4．删除列表中的一个或多个元素（切片操作）

删除一个元素：

```
del list[i]
```

删除多个元素：

```
del list[m:n]
```

结果如图 3.11 所示。

```
local.append([3,1])
local

[35, 15, 9, 6, 3, 2, 1, [3, 1]]
```

图 3.10　往列表中添加一个嵌套列表元素

```
del local[6]
local

[35, 15, 9, 6, 3, 2, [3, 1]]

del local[4:-1]
local

[35, 15, 9, 6, [3, 1]]
```

图 3.11　用 del 删除列表中的一个或多个元素

3.4　字典

字典适用于表示或存储名字和数值(如分数、身高、体重等)两种数据存在一一对应的情况。如,截至 2021 年 8 月 3 日 13:00 时,我国运动员代表在 2020 东京奥运会获得金牌 32 枚、银牌 21 枚、铜牌 16 枚,名列榜首。用字典表示,如图 3.12 所示。

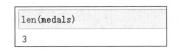

图 3.12　字典的应用

3.4.1　列表和字典的区别与联系

(1) 列表外层用的是中括号,字典的外层是大括号。

(2) 列表中的元素是自成一体的,而字典的元素是由**一个个键值对**构成的,用英文冒号连接。如'金牌':32,其中把'金牌'称为键(**key**),32 称为值(**value**)。

(3) 可以用 len()函数来获取一个列表或者字典的长度(元素个数),括号里放列表或字典名称,如图 3.13 所示。

(4) 字典中的键具备唯一性,而值可重复。

(5) 列表中的数据是有序排列的,如图 3.14 所示;而字典中的数据是随机排列的。列表有序,要用偏移量定位;字典无序,便通过唯一的键来取值。

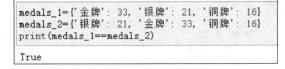

图 3.13　用 len()函数来获取列表
或者字典的长度

这里的"=="是关系运算符,如果"=="左右两边相等,值为 True,若不相等则为 False。"=="关系运算符的用法如图 3.15 所示。

```
medals_1=[32,21,16]
medals_2=[21,32,16]
print(medals_1==medals_2)

False
```

图 3.14　列表中的数据排列有序

```
medals_1={'金牌': 33, '银牌': 21, '铜牌': 16}
medals_2={'银牌': 21, '金牌': 33, '铜牌': 16}
print(medals_1==medals_2)

True
```

图 3.15　"=="关系运算符的用法

小贴士

(1) Python 中用于比较的关系运算符有等于(==)、不等于(!=)、大于(>)、小于(<)、大于或等于(>=)和小于或等于(<=)。

(2) Python 中表示"假"的有 False、0、空字符串、空列表[]、空字典{}和 None。

可以使用 bool()函数来查看一个数据被判断为真还是假,如图 3.16 所示。这个函数的用法与 type()函数相似,在 bool()函数的括号中放入想要判断真假的数据,然后打印出来即可。

```
print(bool(False),bool(0),bool({}),bool(''),bool([]),bool(None))
False False False False False False
```

图 3.16　用 bool()函数查看数据的真假(True or False)

(3) 不管是列表还是字典,对数据的访问都是通过中括号来实现的。

(4) 列表可嵌套其他列表和字典,字典也可嵌套其他字典和列表。例如,列表中嵌套字典如图 3.17 所示。

要获取中国的金牌总数,正确代码如图 3.18 所示。

```
medals=[
    {"中国":{'金牌': 32, '银牌': 21, '铜牌': 16},
     "美国":{'金牌': 25, '银牌': 29, '铜牌': 21},
     "日本":{'金牌': 20, '银牌': 7, '铜牌': 11}
     }
]
medals
[{'中国': {'金牌': 32, '银牌': 21, '铜牌': 16},
  '美国': {'金牌': 25, '银牌': 29, '铜牌': 21},
  '日本': {'金牌': 20, '银牌': 7, '铜牌': 11}}]
```

图 3.17　列表中嵌套字典

```
medals[0]["中国"]["金牌"]
32
```

图 3.18　列表中嵌套字典正确的数据获取方式

如果写成 medals["中国"]["金牌"]，则会出现错误提示信息，如图 3.19 所示。

```
TypeError                                Traceback (most recent call last)
<ipython-input-20-59c5df968277> in <module>
----> 1 medals["中国"]["金牌"]

TypeError: list indices must be integers or slices, not str
```

图 3.19　列表中嵌套字典不正确的数据引用方式

这是因为 medals 是列表中嵌套字典，列表的索引必须为整数或整数序列，medals[0]定位到列表中的第一个数据。

例如，字典中嵌套列表，如图 3.20 所示。

```
medals={
    "中国":[32,21,16],
    "美国":[25,29,21],
    "日本":[20,7,11]
}
medals["中国"][0]

32
```

图 3.20　字典中嵌套列表

3.4.2　字典的几种操作

1．从字典中提取元素

通过键来索引，如图 3.21 所示。

这里的 medals 后只能跟[]，而不能是{}。

2．给字典增加元素

在字典 medals 中增加键值对"总数：69"，需要用到赋值语句：字典名[键]=值，如图 3.22 所示。

```
print(medals["金牌"])
32
```

图 3.21　通过键从字典中提取数据

```
medals["总数"]=69
medals
{'金牌': 32, '银牌': 21, '铜牌': 16, '总数': 69}
```

图 3.22　给字典增加元素

3．删除字典中的元素

删除字典中键值对采用 del 语句，代码为：del 字典名[键]，如图 3.23 所示。

4．修改字典中的元素

方法与给字典中增加元素一样，直接通过赋值语句对键值对重新赋值，如图 3.24 所示。

```
del medals["总数"]
medals

{'金牌': 32, '银牌': 21, '铜牌': 16}
```

图 3.23　用 del 删除字典中的元素

```
medals["金牌"]=33
medals

{'金牌': 33, '银牌': 21, '铜牌': 16}
```

图 3.24　通过赋值语句修改字典中的元素

3.5　元组

元组和列表很相似,其不同之处,元组是用小括号来表示的。

元组和列表都是序列,提取的方式也是偏移量,如 tuple1[1]、tuple1[1:]。另外,元组也支持任意的嵌套。

图 3.25 为元组应用举例。

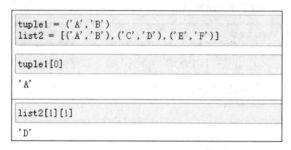

图 3.25　元组应用举例

第 **4** 章

程序控制流程

Python 同其他程序设计语言一样,也提供 3 种控制流程,分别为顺序结构、选择结构和循环结构。顺序结构是指程序按语句出现的先后顺序依次执行。选择结构与循环结构为程序的自动执行提供一种机制。

例 4.1：现有数据 medals＝{ "中国":[32,21,16], "美国":[25,29,21], "日本":[20,7,11]},要求按图 4.1 所示的格式输出。

```
中国 | 金牌: 32 银牌: 21 铜牌: 16
美国 | 金牌: 25 银牌: 29 铜牌: 21
日本 | 金牌: 20 银牌: 7 铜牌: 11
```

图 4.1 通过程序控制流程实现格式化输出

参考代码如图 4.2 所示。

```
for key,value in medals.items():
    print("%s %s %s %2d %s %2d %s %2d"%(key,"|","金牌:",value[0],"银牌:",value[1],"铜牌:",value[2]))
```

图 4.2 用 for 语句实现格式化输出的参考代码

例 4.2：打印九九乘法表。

输出：输出格式如图 4.3 所示。

```
1 x 1 = 1
1 x 2 = 2  2 x 2 = 4
1 x 3 = 3  2 x 3 = 6  3 x 3 = 9
1 x 4 = 4  2 x 4 = 8  3 x 4 = 12  4 x 4 = 16
1 x 5 = 5  2 x 5 = 10  3 x 5 = 15  4 x 5 = 20  5 x 5 = 25
1 x 6 = 6  2 x 6 = 12  3 x 6 = 18  4 x 6 = 24  5 x 6 = 30  6 x 6 = 36
1 x 7 = 7  2 x 7 = 14  3 x 7 = 21  4 x 7 = 28  5 x 7 = 35  6 x 7 = 42  7 x 7 = 49
1 x 8 = 8  2 x 8 = 16  3 x 8 = 24  4 x 8 = 32  5 x 8 = 40  6 x 8 = 48  7 x 8 = 56  8 x 8 = 64
1 x 9 = 9  2 x 9 = 18  3 x 9 = 27  4 x 9 = 36  5 x 9 = 45  6 x 9 = 54  7 x 9 = 63  8 x 9 = 72  9 x 9 = 81
```

图 4.3 九九乘法表的输出格式

参考代码如图 4.4 所示或者如图 4.5 所示。

```
for i in range(1,10):
    for j in range(1,i+1):
        print('{} x {} = {}  '.format(j,i, i*j),end='')
    print('')
```

图 4.4 用 for 语句实现九九乘法表的参考代码 1

循环结构是程序设计中一个非常重要的流程控制结构,循环语句是可以让计算机重复和自动执行的一段代码,正是因为有了循环,才使得大量数据的自动处理得以实现。Python 提供两种循环实现机制：一种是 for…in…循环语句;另一种是 while 循环语句。

```
for i in range (1,10):
    for j in range(1,10):
        print('%d x %d = %d' % (j,i,i*j),end = ' ')
        if i==j:
            print('')
            break
```

图 4.5　用 for 语句实现九九乘法表的参考代码 2

4.1　for 循环语句

for 循环的语法为：

```
for i in 数据集合:
    print(i)
```

小贴士

（1）Python 语句的末尾一般没有标点符号，但有几种情况例外：一是这里的 for 语句（包括后面要介绍到的 while 语句），后面一定要加上英文冒号；二是函数定义的语句 def 结束后也要加冒号。

（2）Python 使用代码缩进来组织语句块。上述语句中 print 的前面要在 for 语句的基础上进行缩进，一般为 4 个空格（或按 Tab 键），依次对齐的语句均属于当前 for 循环体这个层级的代码块。

先看一个例子，如图 4.6 所示。

```
countries=["中国","美国","日本","英国","澳大利亚","德国","新西兰","意大利","法国","荷兰"]
for i in countries:
    print("国家名称：",end="")
    print(i)

国家名称：中国
国家名称：美国
国家名称：日本
国家名称：英国
国家名称：澳大利亚
国家名称：德国
国家名称：新西兰
国家名称：意大利
国家名称：法国
国家名称：荷兰
```

图 4.6　for 语句应用举例

这里的 for 循环体包含两条语句：

print("国家名称：",end = "")
print(i)

小贴士

Python 中的 print()函数加上参数 end=""表示不换行输出。

如果缩进没有对齐，写成了如图 4.7 所示的形式，打印输出的结果就不一样。

```
countries=["中国","美国","日本","英国","澳大利亚","德国","新西兰","意大利","法国","荷兰"]
for i in countries:
    print("国家名称：",end="")
print(i)

国家名称：国家名称：国家名称：国家名称：国家名称：国家名称：国家名称：国家名称：国家名称：国家名称：
荷兰
```

图 4.7　for 语句强调循环体语句的缩进对齐

此时的 for 循环体中只有一条语句：print("国家名称：",end=""),它会重复执行 10 次。

for 循环中的数据集合可以是列表,也可以是字典等其他数据,如例 4.1 中的 medals 就是一个字典。如果仅访问字典 medals={ "中国":[32,21,16], "美国":[25,29,21], "日本":[20,7,11]}中的键,可以采用如图 4.8 所示的代码。

也可以采用如图 4.9 所示的代码。

```
for key in medals:
    print(key)

中国
美国
日本
```

```
for key in medals.keys():
    print(key)

中国
美国
日本
```

图 4.8 用 for 语句访问字典中的键 　　图 4.9 通过 keys()方法实现字典中键的访问

如果只遍历值,则代码如图 4.10 所示。如果既要访问键,又要遍历值,则代码如图 4.11 所示。

```
for key in medals.values():
    print(key)

[32, 21, 16]
[25, 29, 21]
[20, 7, 11]
```

```
for key,value in medals.items():
    print(key,value)

中国 [32, 21, 16]
美国 [25, 29, 21]
日本 [20, 7, 11]
```

图 4.10 用 for 语句访问字典中的值 　　图 4.11 通过 key 和 value 访问字典中的键和值

例 4.2 中的数据集合为 range 类型,range(i,j)生成整数 i,i+1,i+2,…,一直到 j-1。range(i)生成整数 0,1,2,…,i-1,range(i)相当于 range(0,i)。如果指定步长,如图 4.12 所示。

```
list(range(2,10,2))

[2, 4, 6, 8]
```

图 4.12 指定步长的 range()函数的应用

这里 range()函数中的第 3 个参数"2"指的是步长,通过 list()将 range()转换为列表,显示生成的列表数据为[2,4,6,8]。

例 4.2 的实现需要用到两重 for 循环,即外层 for 循环再嵌套内层 for 循环,因为九九乘法表是一个二维结构,既要实现行的多次运算,也要实现列的多次运算。外层 for 循环控制的是行的运算,内层 for 循环执行的是一行内的列运算。

🔖 小贴士

(1) in 后面可跟列表、字典或者字符串,但不能跟整数、浮点数,如图 4.13 所示。

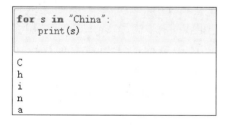

```
for s in "China":
    print(s)

C
h
i
n
a
```

图 4.13 for 语句中的 in 后跟字符串应用示例

(2) 和 for 循环常常一起搭配使用的还可以是 range() 函数。使用 range(x)函数,就可以生成一个从 0 到 x-1 的整数序列。range(a,b)函数生成一个"取头不取尾"的整数序列。如果想把一段代码固定重复 n 次,就可以直接使用 for i in range(n)解决问题。

(3) range(a,b,c):计数从 a 开始,不填时,默认从 0 开始。计数到 b,但不包括 b。c 表示计数的间隔,不填时默认为 1。range(0,10,3)的意思是:从 0 数到 9(取头不取尾),步长为 3。

4.2　while 循环语句

while 循环中,循环体中的代码块会被一直执行,直到循环条件为 0 或 False。如果循环条件一直为 True,程序则无法跳出循环,成为"死循环"。

我们先来看一段代码及其运行结果,如图 4.14 所示。

```
s="Python"
i=0
while(i<len(s)):
    print(s[i]+" ",end="")
    i=i+1

P y t h o n
```

图 4.14　while 循环语句应用示例

这里的循环条件为 i<len(s),lens(s)表示字符串"Python"的长度,即该字符串中字符的个数,这里 len(s)=6。print(s[i]+" ",end="")和 i=i+1 共同构成 while 循环体的语句,并且 i 值随着循环的执行会不断发生变化,当 i 值增加到 6 时,不满足条件 i<len(s),也即 i<len(s)的值为 False,此时退出 while 循环,循环结束。

 小贴士

(1) while 循环语句中也要注意 while (循环条件)后面跟的冒号以及循环体的缩进对齐。

(2) 初始情况下,while 循环中的循环条件一般都为 True,如果循环体中没有改变循环条件的语句,则会陷入死循环。因此,在编程中一定要注意循环条件的改变。

(3) C 语言中的字符串以"\0"作为结束符。Python 中的字符串是一个定长的字符数组,通过下标控制长度,没有结束标识。

4.3　break 语句

break 语句用于结束整个循环,一般写作 if…break,只在循环内部使用。先来看一段代码,如图 4.15 所示。

```
p = input('请输入你的密码:')
while True:
    if p == 'Python':
        break
    else:
        p = input('密码不正确,请重新输入:')

print('通过啦')

请输入你的密码:python
密码不正确,请重新输入: pytho
密码不正确,请重新输入: Python
通过啦
```

图 4.15　用 break 语句跳出整个循环应用示例

这里的 while 循环条件为 True,如果循环体内没有退出语句,将会一直执行循环体。循环语句首先将用户输入的密码同'Python'进行对比,如果一样,就用 break 语句跳出整个循环,循环体中后面的语句将不再执行;如果用户输入的不是'Python',则提示用户再次输入,然后继续执行循环体中的语句。

 小贴士

(1) Python 中的 input()方法用于接收用户输入,参数列表中可以指定输入内容。

(2) 需要注意该语句中的"=="关系运算符与"="赋值运算符的区别,如果将这里的 p=='Python'写成 p='Python',则会提示如图 4.16 所示的错误。

```
File "<ipython-input-93-db0ea13f403d>", line 3
    if p = 'Python':
              ^
SyntaxError: invalid syntax
```

图 4.16　关系运算符"＝＝"与赋值运算符"＝"的区别

4.4　continue 语句

continue 语句也是在循环内部使用的，当某个条件被满足时，触发 continue 语句，将跳过 continue 之后的代码，直接回到循环的开始，如图 4.17 所示。

```
while True:
    p = input('请输入你的密码:')
    if p != 'Python':
        print("输入错误")
        continue
    print('通过啦')
    break

请输入你的密码:python
输入错误
请输入你的密码:pytho
输入错误
请输入你的密码:Python
通过啦
```

图 4.17　continue 语句应用示例

4.5　pass 语句

pass 语句的意思是"跳过"，即什么都不执行。示例代码如图 4.18 所示。

```
a = int(input('请输入一个整数:'))
if a >= 100:
    pass
else:
    print('你输入了一个小于100的数字')

请输入一个整数:80
你输入了一个小于100的数字
```

图 4.18　pass 语句应用示例

当 a＞＝100 时，跳过，什么都不做。其他情况，也就是 a＜100 时，执行一个 print 语句。

4.6　选择分支结构的实现

例 4.3：编写程序实现美元与人民币之间的兑换计算。

已知：2021 年 8 月 6 日美元兑换人民币的汇率为 1 美元＝6.4825 人民币；1 人民币≈0.1543 美元。

输入：以人民币或美元输入，如 USD100、RMB100 等。

输出：以汇率转换后的人民币或美元输出。

参考代码如图 4.19 所示。

小贴士

(1) Python 中选择分支结构采用 if…else、if…elif…else 实现，每一个 if、elif、else 语句后面必须跟一个冒号，分支执行的语句块采用缩进对齐方式来组织。

(2) 上述代码中的 int() 函数用于强制转换，将 money 字符串进行[3:]切片后的数字字符串转换为整型数字。4f 表示转换后的浮点数保留 4 位小数。

```
money=input("请输入带有符号的汇币（如USD100,RMB100）：")

if money[0:3] == "USD":
    r=(int(money[3:]))*6.4825
    print("转换后的货币为RMB{:.4f}".format(r))
elif money[0:3] == "RMB":
    d=(int(money[3:]))/6.4825
    print("转换后的货币为USD{:.4f}".format(d))
else:
    print("输入错误！")

请输入带有符号的汇币（如USD100,RMB100）：USD10000
转换后的货币为RMB64825.0000
```

图 4.19　选择分支结构应用示例

例 4.4： 猜拳游戏。

问题描述：计算机随机从"石头""剪刀""布"中任意选择一个出拳,游戏玩家也随机出拳,判断计算机和玩家谁胜出。

参考代码：

```python
import random
punches = ['石头','剪刀','布']

while 1:
    computer = random.choice(punches)
    user = input('请出拳:(石头、剪刀、布)')
    while user not in punches:
        print('输入有误,请重新出拳')
        user = input()

    print('计算机出了: %s' % computer)
    print('你出了: %s' % user)

    if user == computer:
        result = 0
    elif ((user == '石头' and computer == '剪刀')
       or (user == '剪刀' and computer == '布')
       or (user == '布' and computer == '石头')):
            result = 1
    else:
            result = 2

    if result == 0:
            print('----- 平局 ----- ')
    elif result == 1:
            print('----- 你赢了 ----- ')
    elif result == 2:
            print('----- 你输了 ----- ')

    again = input('要再来一遍吗?(Y/N)')
    if again == 'Y':
            pass
    elif again == 'N':
            print('游戏结束\n')
            break
```

小贴士

(1) 这个游戏的实现需要用到随机数功能,而随机数的生成需要导入 Python 的内置模块 random,语句为 import random。

（2）通过阅读以下代码可以了解 random 模块的随机数生成功能。

① 随机从 0 到 1 之间（包括 0 不包括 1）抽取一个小数。

```
a = random.random()
```

② 随机从 0 到 100（包括 0 和 100）之间抽取一个数字。

```
a = random.randint(0,100)
```

③ 随机从字符串、列表等对象中抽取一个元素（可能会重复）。

```
a = random.choice('abcdefg')
```

④ 随机从字符串、列表等对象中抽取多个不重复的元素。

```
a = random.sample('abcdefg', 3)
```

⑤ 随机洗牌，例如打乱列表。

```
items = [1, 2, 3, 4, 5, 6]
random.shuffle(items)
```

4.7　随机数的应用

任务描述：在某门课程的答辩考试中，学生按 3～5 人进行分组，完成任务后形成 PPT 总结汇报，并从剩余群体中随机抽取 3 位学生作为评委，对汇报组的任务完成情况进行评估并打分，用 Python 代码完成评委的随机抽取。

关键问题：由于每个分组的人数（3～5 人）不固定，因此在程序设计中需要人机交互输入当前分组的人数；又因当前分组的成员不能同时担任本组评委，在随机抽取的评委库中，需要将当前分组的成员去除，再从剩下的群体中进行随机抽取。

参考代码：

```
import random
# 全部学生的学号用 studentID 列表存储
studentID = ['01','02','03','05','06','07','08','09','10','11','12','13','14','15','17','19','20',
            '21','24','25','26','27','32','33','34','35','36','37','39','40','41','42','43','44',
            '45','47','48','50','51','54','55','56','142']
number = eval(input('请输入要移除的学号个数：'))
id_Removed = []
# 将当前参与汇报答辩的全部小组成员的学号用 id_Removed 列表进行存储
for i in range(0,number):
    sid = input('请输入要移除的第 % d 学号：' % i)
    id_Removed.append(sid)

# 从 studentID 中移除当前汇报答辩的全部小组成员
for item in id_Removed:
    studentID.remove(item)
# 从去除当前汇报小组成员后的剩余群体中随机抽取 3 位评委
group = random.sample(studentID,3)
group
```

第 5 章

函数的使用

在前面的代码中,多次用到 print()、input()函数等,这些都是 Python 的内置函数,这些函数的功能都是预先设计好的,用户只需拿来直接调用即可。在实际的大型项目开发中,更多的还是需要用户自己定义函数。

编写代码要不断追求简洁和易读,换句话说,要尽量避免写重复的代码,少复制、粘贴,也就是所谓的 DRY 原则——Don't Repeat Yourself。

5.1 函数的创建与调用

函数是指组织好的、可以重复使用的、用来实现单一功能的代码,包括内置函数和自定义函数两类。

一个完整的函数由函数名、参数列表、函数体、返回语句构成,其语法为:

```
def 函数名(参数):
    函数体
    return 语句
```

 小 贴 士

(1) def 为定义函数的关键字,函数的定义以 def 关键字开始。

(2) 函数名作为一个用户自定义标识符,最好能"见名知意",可体现函数的功能,一般用小写字母和下画线、数字等组合;函数名不可与内置函数重名。

(3) 函数名后跟括号,这里的括号是英文括号,后面的冒号不能丢。根据函数功能,括号里可以有多个参数,也可以不带参数,命名规则与函数名相同。

(4) 函数体为函数的执行过程,包含体现函数功能的语句,要进行缩进,一般是 4 个空格。

(5) return 语句用于返回函数的值,后面可以接多种数据类型,如果函数不需要返回值,则可以省略。

先来看一个例子。

例 5.1:将 4.6 节中的货币兑换用函数来实现。

输入:美元兑换人民币的当前汇率、需要兑换的货币数量。

输出:兑换后的货币数量。

```
def money2exchange(rate,amount):
    if amount[0:3] == "USD":
        currency = 0 #将美元兑换成人民币
        return int(amount[3:]) * rate,currency
    elif amount[0:3] == "RMB":
        currency = 1 #将人民币兑换成美元
        return int(amount[3:])/rate,currency

cash = input("请输入带有符号的汇币(如 USD100,RMB100): ")
exchange_rate = eval(input("请输入当前兑换汇率:"))
exchanged_money,currency = money2exchange(exchange_rate,cash)
if (currency == 0):
    print("转换后的货币为 RMB{:.4f}".format(exchanged_money))
else:
    print("转换后的货币为 USD{:.4f}".format(exchanged_money))
```

在这个例子中,将货币兑换封装成一个函数,名为 money2exchange,接受两个输入形式参数,分别为当前汇率 rate 和要兑换的货币总量 amount。函数返回两个值,分别为转换后的货币总量以及输入货币的种类 currency。如果输入的货币为美元,则 currency=0,否则为 1。

该函数被调用时,传递的是实际参数(简称为实参),分别为 exchange_rate、cash。形式参数(简称为形参)与实际参数的名字可以相同,也可以不同。

小贴士

代码中的 eval()函数可将输入的数字字符串转换为相应的数值,如图 5.1 所示。

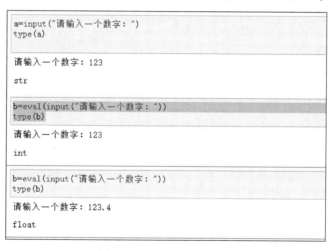

图 5.1　eval()函数的应用

例 5.2：打印万年历(此处代码来源于 https://www.136.la/python/show-55532.html)。

输入：年份。

输出：年月日与星期的对应关系。

```
def isLeap(y): #判断是否是闰年
    return y % 400 == 0 or y % 4 == 0 and y % 100 != 0
def maxDays(y,m): #求某月的最大天数
    d = 30
    if m == 1 or m == 3 or m == 5 or m == 7 or m == 8 or m == 10 or m == 12:
        d = 31
    elif m == 2:
        d = 29 if isLeap(y) else 28
```

```
        return d
def countDays(y,m,d):  #计算某一天是这一年的第几天
        days = d
        if m >= 2:
            days += 31
        if m >= 3:
            days += 29 if isLeap(y) else 28
        if m >= 4:
            days += 31
        if m >= 5:
            days += 30
        if m >= 6:
            days += 31
        if m >= 7:
            days += 30
        if m >= 8:
            days += 31
        if m >= 9:
            days += 31
        if m >= 10:
            days += 30
        if m >= 11:
            days += 31
        if m >= 12:
            days += 30
        return days
def countWeek(y,m):  #计算这一天是星期几
        w = (y - 1) + (y - 1)//400 + (y - 1)//4 - (y - 1)//100 + countDays(y,m,1)
        return w % 7
def printMonth(y,m):
        w = countWeek(y,m)
        md = maxDays(y,m)
        print("% - 6s % - 6s % - 6s % - 6s % - 6s % - 6s % - 6s" % ("Sun","Mon","Tue","Wed","Thu",
"Fri","Sat"))
        for i in range(w):  #打印一个月的日历
            print("% - 6s" % "",end = "")
        for d in range(1,md + 1):
            print("% - 6d" % d,end = "")
            w = w + 1
            if w % 7 == 0:
                print()
y = input("输入年份")
y = int(y)
for m in range (1,13):
    print()
    print(" ----- ",y,"年",m,"月 ----- ")
    printMonth(y,m)
    print()
```

此处定义了 5 个函数,分别如下。

isLeap(y),用于判断输入的年份 y 是否是闰年。判断某一个年份是否是闰年的规则为:y 可以被 400 整除,或 y 可以被 4 整除,但不能被 100 整除。

maxDays(y,m),用于计算某月 m 的最大天数,参数 y 标识是否是闰年,m 表示月份,如果 y 为 1,则闰年的 2 月为 29 天。

countDays(y,m,d),参数 y 标识是否是闰年,m 代表月份,d 表示天,d 的值再加上前面所

有月份天数的总和,计算出来的结果就是这一天是该年的第几天。如 countDays(0,2,25),函数返回 2 月份的第 25 天是这一年的 31＋25＝56 天;如果 countDays(1,3,25),则闰年 3 月份的第 25 天是这一年的 31＋29＋25＝85 天。

countWeek(y,m),用于计算某一天是星期几,公式为:
$$w＝(y－1)＋(y－1)//400＋(y－1)//4－(y－1)//100＋countDays(y,m,1)$$
如要计算 2021 年的 8 月 9 日是星期几,将数据代入上述公式:
$$w＝(2021－1)＋(2021－1)//400＋(2021－1)//4－(2021－1)//100＋$$
$$(31＋28＋31＋30＋31＋30＋31＋9)$$
$$＝2020＋5＋505－20＋221＝2731$$

再将 2731 对 7 取模,其余数为 1,即 2021 年的 8 月 9 日为星期一。

printMonth(y,m),打印一个月的月历。

上述 5 个函数的嵌套调用关系为:**printMonth**()函数调用 countWeeks()函数与 maxDays()函数,**countWeeks**()函数调用 countDays()函数,countDays()函数与 maxDays()函数均调用了 isLeap()函数。

小贴士

(1) Python 中//表示整除,/表示浮点数除。如 $10//3＝3,10/3＝3.333$。
(2) Python 中%表示求余数,或称为取模运算,如 $10\%3＝1$。

5.2 变量作用域

一个在函数内部赋值的变量仅能在该函数内部使用(局部作用域),它们被称作局部变量。在所有函数之外赋值的变量,可以在程序的任何位置使用(全局作用域),它们被称作全局变量。

看一个例子:

```
scores = {"语文":90,"数学":95,"英语":92}
sum_score = 0

def get_average(scores):
    for subject,score in scores.items():
        sum_score = score + sum_score
    ave_score = sum_score/len(scores)
    print("平均分是%d" % ave_score)


get_average(scores)
```

运行时提示如图 5.2 所示的错误。

```
UnboundLocalError                         Traceback (most recent call last)
<ipython-input-2-a8f9028312f6> in <module>
      8     print("平均分是%d"%ave_score)
      9
---> 10 get_average(scores)

<ipython-input-2-a8f9028312f6> in get_average(scores)
      4 def get_average(scores):
      5     for subject,score in scores.items():
---> 6         sum_score = score + sum_score
      7     ave_score = sum_score/len(scores)
      8     print("平均分是%d"%ave_score)

UnboundLocalError: local variable 'sum_score' referenced before assignment
```

图 5.2 变量的作用域歧义引发的错误

如果在函数外部已经定义了变量 n,在函数内部对该变量进行运算,运行时就会出现这样的错误,因为解释器不清楚这个变量 n 是全局变量还是局部变量。

如果是全局变量,就需使用 global 关键字,在函数内部先声明 a 这个变量是全局变量。现在在函数 get_average() 的内部增加一条语句 global sum_score,代码变为:

```python
scores = {'语文':90,'数学':95,'英语':92}
sum_score = 0


def get_average(scores):
    global sum_score
    for subject,score in scores.items():
        sum_score = score + sum_score
    ave_score = sum_score/len(scores)
    print('平均分是%d'% ave_score)


get_average(scores)
```

5.3　模块与包

模块是对程序在逻辑上的划分。当一个项目比较大时,需要将实现不同业务功能的代码封装到不同的模块中进行管理和使用。一般情况下,一个 py 文件可以视作一个模块,文件名就是模块名。模块能定义函数、类和变量,模块中也能包含可执行代码。

5.3.1　模块导入

Python 提供两种模块导入方式:一种是 import 语句;另一种是 from import 语句。先来看一个例子。

```python
sum_score = 0


def get_average(scores):
    global sum_score
    for subject,score in scores.items():
        sum_score = score + sum_score
    ave_score = sum_score/len(scores)
    print('平均分是%d'% ave_score)
```

这里定义了一个模块,命名为 test1.py,在 test2 文件中通过 import 来导入 test1 模块。

```python
import test1
scores = {'语文':90,'数学':95,'英语':92}


test1.get_average(scores)
```

模块 test2 中就可以按 test1.get_average() 来调用 get_average() 方法,并在控制台输出数据。

再来看 from import 的导入方式。

使用"from 模块名 import 方法名或属性名"的形式,可以指定要导入的内容。若需要导入模块的全部内容,则在 import 后面加"*"即可,如图 5.3 所示。

这里的 math 是 Python 中的一个模块,提供数学相关的运算,例如 ceil() 方法,ceil(x) 取大于或等于 x 的最小的整数值,如果 x 是一个整数,则返回 x,因此 ceil(4.01)=5; fabs() 也是

```
from math import ceil
ceil(4.01)

5
```
```
fabs(4.01)
```
```
---------------------------------------------------------------------------
NameError                                 Traceback (most recent call last)
<ipython-input-10-42b20250cbc9> in <module>
----> 1 fabs(4.01)

NameError: name 'fabs' is not defined
```

图 5.3　from import 的应用示例

math 模块的一个方法,fabs(x)用于返回 x 的绝对值,但由于这里只导入了 math 模块的 ceil()方法,因此在执行 fabs(4.01)时就提示未定义的错误,这时只需将 fabs()方法通过 from import 语句导入进去即可,如图 5.4 所示。

```
from math import fabs
fabs(4.01)

4.01
```

图 5.4　导入 math 模块的 fabs()方法执行绝对值运算

5.3.2　模块的查找方式

Python 解释器按以下顺序搜索模块位置:

(1) 查看当前目录下是否存在该模块;

(2) 若当前目录没有,按操作系统配置的环境变量,在 PATH 指定的路径下进行查找;

(3) 若环境变量 PATH 路径下也没有,则到 Python 安装目录下查找。

若以上步骤都找不到相应模块,则触发异常。

5.3.3　包

包是一个分层次的文件目录结构,它定义了一个由模块及子包和子包下的子包等组成的 Python 的应用环境。

简单来说,包就是文件夹,但该文件夹下必须存在__init__.py 文件,该文件的内容可以为空。__init__.py 用于标识当前文件夹是一个包,如图 5.5 所示。

首先在当前目录新建一个 packageTest 文件夹,在该文件夹下面新建一个空的__init__.py 文件(注意,这里 init 前后是两个下画线),然后复制粘贴 test1.py 文件。

打开 Jupyter 交互式工具,输入图 5.6 中的代码并运行。

图 5.5　__init__.py 用于标识当前
文件夹是一个包

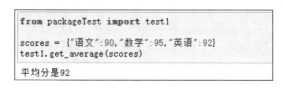

图 5.6　导入 packageTest 包中的 test1 模块

5.4　模块应用举例

5.4.1　time 模块的使用

先来看一段代码:

```python
import time

while 1:
    task_name = input('请输入任务名: ')
    task_time = int(input('请输入执行该任务的时间(以分钟为单位,如2): '))

    time1 = time.localtime(time.time())
    print('此次任务开始时间: %s时 %s分 %s秒\
                '% (time1.tm_hour,time1.tm_min,time1.tm_sec))

    # 倒计时,实时显示还剩多少时间
    for x in range(task_time * 60,0, - 1):
        mystr = "倒计时" + str(x) + "秒"
        print(mystr,end = "")
        print("\b" * (len(mystr) * 2),end = "",flush = True)
        time.sleep(1)

    task_status = input('任务完成否?(Y/N)')
    if task_status == "Y":
        again = input('重启一个新任务请按 Y, 退出请按 Q: ')
        if again == 'Q':
            break
    else:
        print('抱歉,你的进度滞后,请重新开始。')
```

这段代码用到了 Python 中的 time 模块,用于处理与时间相关的操作,如这里的 time.time()用于返回浮点数的时间戳,time.localtime(time.time())用于获取当前时间,如图 5.7 所示。

```python
import time
localtime=time.localtime(time.time())
localtime

time.struct_time(tm_year=2021, tm_mon=8, tm_mday=10, tm_hour=16, tm_min=46, tm_sec=32, tm_wday=1, tm_yday=222, tm_isdst=0)
```

图 5.7　time 模块应用示例

通过 time1.tm_hour、time1.tm_min、time1.tm_sec 就可以获取当前时间的小时、分、秒信息。

5.4.2　收发电子邮件相关模块的使用

smtplib 是用来发送邮件的,email 是用来构建邮件内容的。这两个都是 Python 的内置模块。SMTP(Simple Mail Transfer Protocol)翻译过来是"简单邮件传输协议"的意思,SMTP 是由源服务器到目的地服务器传送邮件的一组规则。可以简单理解为需要通过SMTP 指定一个服务器,这样才能把邮件送到另一个服务器。

```python
import smtplib

server = smtplib.SMTP()
server.connect(host, port)
```

上述代码中，host 是指定连接的邮箱服务器，可以指定服务器的域名。通过搜索"xx 邮箱服务器地址"，就可以找到。port 是"端口"。登录邮箱后，通过"设置"→"选项"→"POP 和 IMAP"可以看到这些信息。

小贴士

（1）以 QQ 邮箱为例来展示操作。搜索"QQ 邮箱 smtp 设置"得到 host 和 port 这两个参数。SMTP 服务器地址是 smtp.qq.com，端口是 465 或 587。

（2）QQ 邮箱一般默认关闭 SMTP 服务，要先去开启它。打开 https://mail.qq.com/，登录邮箱，然后单击位于顶部的"设置"按钮，选择"账户设置"选项，然后下拉到如图 5.8 所示的位置。

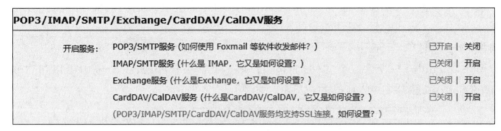

图 5.8　QQ 邮箱开启 POP3/SMTP 服务

就像上面一样，把第一项服务打开。需要用密保手机发送短信，完成之后，QQ 邮箱会提供一个授权码，授权码的意思是，可以不用 QQ 的网页邮箱或者邮箱客户端来登录，而是用邮箱账号＋授权码获取邮箱服务器的内容。

如果打算用 QQ 邮箱自动发邮件，需要保存好授权码。在使用 SMTP 服务登录邮箱时，要输入这个授权码作为密码登录，而不是邮箱登录密码。

```python
# smtplib 用于邮件的发信动作
import smtplib
from email.mime.text import MIMEText        # email 用于构建邮件内容


from_addr = '50432096@qq.com'              # 发信方的信息：发信邮箱，QQ 邮箱授权码
password = '****************'               # 此处需输入自己的 QQ 邮箱授权码
to_addr = '50432096@qq.com'                # 收信方邮箱


smtp_server = 'smtp.qq.com'                # 发信服务器


msg = MIMEText('send by python','plain','utf-8')  # 邮箱正文内容，第一个参数为内容，第二个参数
                                                  # 为格式(plain 为纯文本)，第三个参数为编码
server = smtplib.SMTP(smtp_server,587)     # 开启发信服务，这里使用的是加密传输
server.connect(smtp_server,587)
server.login(from_addr, password)          # 登录发信邮箱
server.sendmail(from_addr, to_addr, msg.as_string())    # 发送邮件
server.quit()                              # 关闭服务器
```

运行后，如图 5.9 所示。

图 5.9　登录邮箱后显示的接收邮件界面

msg. as_string()是一个字符串类型：as_string()是将发送的信息 msg 变为字符串类型。

email 模块：也就是用来写邮件内容的模块。这个内容可以是纯文本、HTML 内容、图片、附件等多种形式。

MIMEText：内容形式为纯文本、HTML 页面。

MIMEImage：内容形式为图片。

MIMEMultipart：多形式组合，可包含文本和附件。

使用形式为：

```
from email.mime.text import MIMEText
from email.mime.image import MIMEImage
from email.mime.multipart import MIMEMultipart
```

与直接导入整个 smtplib 模块(import smtplib)不同，这里只是从模块中导入一个或几个函数。

按住 Ctrl 同时单击 mime，会看到一个名为__init__.py 的空文件，这说明 email 其实是一个包。模块(module)一般是一个文件，而包(package)是一个目录，一个包中可以包含很多模块，可以说包是由"模块打包"组成的，如图 5.10 所示。

```
ython学>   module email
  # smt    A package for parsing, handling, and generating email messages.
  impor
  from email.mime.text import MIMEText
```

图 5.10　email 包可用于解析、处理和生成邮件信息

Python 中的包都必须默认包含一个__init__.py 文件。__init__.py 控制着包的导入行为。假如这个文件为空，那么仅仅导入包就什么都做不了。所以直接用 import email 语句是行不通的。就需要使用 from…import…语句，从 email 包目录下的某个文件引入需要的对象。例如从 email 包下的 text 文件中引入 MIMEText()方法。

MIMEText()方法需要输入 3 个参数：文本内容、文本类型和文本编码。

补充代码如下：

```
＃构建邮件头
from email.header import Header
…
＃ 邮件头信息
msg['From'] = Header(from_addr)
msg['To'] = Header(to_addr)
msg['Subject'] = Header('Python Test')
…
```

运行后的界面如图 5.11 所示。

除了可以直接用邮箱地址之外，还可以自定义内容代替邮箱地址，如图 5.12 所示。

图 5.11　接收邮件界面显示的邮件头信息

图 5.12　自定义内容代替邮箱地址

如果想要写很长的内容，建议先设置一个变量 text 用来放正文内容。

```
text = 'send by python'
msg = MIMEText(text,'plain','utf-8')
```

一般地，邮件正文需要换行，若直接显示不想一大串文字，可以在正文内容前后用'''，如图 5.13 所示。MIMEText()的调用格式如图 5.14 所示。

```
# smtplib 用于邮件的发信动作
import smtplib
from email.mime.text import MIMEText
# email 用于构建邮件内容

# 构建邮件头
from email.header import Header

text = '''不是槌的打击,
乃是流水的载歌载舞,
使鹅卵石臻于完美
    --- 泰戈尔《飞鸟集》

'''
```

图 5.13　采用'''实现邮件正文内容的换行

```
# 邮箱正文内容，第一个参数为内容，第二个参数为格式(plain 为纯文本)，第三个参数为编码
msg = MIMEText(text,'plain','utf-8')
```

图 5.14　MIMEText()的调用格式

出于保护隐私的目的，可以把收/发件人和授权码这些信息用 input()变成需要输入的模式。

```
# 发信方的信息：发信邮箱,QQ 邮箱授权码
from_addr = input('请输入登录邮箱：')
password = input('请输入邮箱授权码：')

# 收信方邮箱
to_addr = input('请输入收件邮箱：')
```

群发邮件的代码（经测试，可运行）：

```
# smtplib 用于邮件的发信动作
import smtplib
from email.mime.text import MIMEText
# email 用于构建邮件内容
from email.header import Header
# 用于构建邮件头

# 发信方的信息：发信邮箱,QQ 邮箱授权码
from_addr = input('请输入登录邮箱：')
password = input('请输入邮箱授权码：')

# 收信方邮箱
to_addrs = []
while True:
    a = input('请输入收件人邮箱：')
    to_addrs.append(a)
    b = input('是否继续输入,n 表示退出,按任意键继续：')
    if b == 'n':
        break

# 发信服务器
smtp_server = 'smtp.qq.com'

# 邮箱正文内容,第一个参数为内容,第二个参数为格式(plain 为纯文本),第三个参数为编码
text = '''不是槌的打击,
乃是流水的载歌载舞,
```

使鹅卵石臻于完美

　　――― 泰戈尔《飞鸟集》

```
'''
msg = MIMEText(text,'plain','utf - 8')

# 邮件头信息
msg['From'] = Header(from_addr)
msg['To'] = Header(",".join(to_addrs))
msg['Subject'] = Header('python test')

# 开启发信服务,这里使用的是加密传输
server = smtplib.SMTP(smtp_server,587)
server.connect(smtp_server,587)
# 登录发信邮箱
server.login(from_addr, password)
# 发送邮件
server.sendmail(from_addr, to_addrs, msg.as_string())
# 关闭服务器
server.quit()
```

群发邮件的关键技术点为:

```
msg['To'] = Header(",".join(to_addrs))
```

如果直接写成 msg['To'] = Header(to_addrs),就会发生错误:AttributeError: 'list' object has no attribute 'decode'. 这是因为 Header 接受的第一个参数的数据类型必须是字符串或者字节,列表不能解码。也就是说,要将 to_addrs 变成一个字符串。

msg['to'] = Header(",".join(to_addrs))

join()的用法是 str.join(sequence),str 代表在这些字符串之中需要用什么字符串来连接,可以用逗号、空格和下画线等。要将列表的元素合并,当然可以直接使用逗号来连接。

群发邮件的第一种方式,是通过以下代码:

```
# 收信方邮箱
to_addrs = []
while True:
    a = input('请输入收件人邮箱: ')
    to_addrs.append(a)
    b = input('是否继续输入,n 表示退出,按任意键继续: ')
    if b = = 'n':
        break
```

实现群发地址的动态添加。

第二种实现群发邮件的方式是将收件人地址放入一个列表当中,如:

```
to_addrs = ['XXXX@qq.com','YYYY@qq.com']
```

第三种方式是将收件人邮箱写入 csv 文件,在发邮件时读取 csv 文件。

```
import smtplib
# smtplib 用于邮件的发信动作
from email.mime.text import MIMEText
# email 用于构建邮件内容
from email.header import Header
# 用于构建邮件头
import csv
# 引用 csv 模块,用于读取邮箱信息
```

```
# 发信方的信息：发信邮箱,QQ 邮箱授权码
# 方便起见,也可以直接赋值
from_addr = input('请输入登录邮箱：')
password = input('请输入邮箱授权码：')

# 发信服务器
smtp_server = 'smtp.qq.com'

# 邮件内容
text = '''大学教育的价值在于为一个人的一生提供一个时间段
在此期间
他的求知欲最为旺盛
心智最为开放
并得以远离社会求速成的压力
学习如何发问
去怀疑既定的前提
学会天马行空地思考
'''

# 待写入 csv 文件的收件人数据：人名 + 邮箱
data = [['XXX ', 'XXX@126.com'],['XXX', 'XXX@XXX.edu.cn']]

# 写入收件人数据
with open('to_addrs.csv', 'w', newline = '') as f:
    writer = csv.writer(f)
    for row in data:
        writer.writerow(row)

# 读取收件人数据,并启动写信和发信流程
with open('to_addrs.csv', 'r') as f:
    reader = csv.reader(f)
    for row in reader:
        to_addrs = row[1]
        msg = MIMEText(text,'plain','utf-8')
        msg['From'] = Header(from_addr)
        msg['To'] = Header(to_addrs)
        msg['Subject'] = Header('python test')
        # server = smtplib.SMTP_SSL()
        # server.connect(smtp_server,465)
        server = smtplib.SMTP(smtp_server,587)
        server.connect(smtp_server,587)
        server.login(from_addr, password)
        # server.sendmail(from_addr, to_addrs, msg.as_string())

        try:
            server.sendmail(from_addr, to_addrs, msg.as_string())
            print('恭喜,发送成功')
        except:
            print('发送失败,请重试')

# 关闭服务器
server.quit()
```

小贴士

对于 Python 和其他许多编程语言来说,程序都要有一个运行入口。在 Python 中,当运

行某一个 py 文件时,就能启动程序,这个 py 文件就是程序的运行入口。

当有一大堆 py 文件可以组成一个程序时,为了指明某个 py 文件是程序的运行入口,可以在该 py 文件中写出这样的代码:

```
aa.py 文件:
    代码块 1……
    if __name__ == '__main__':
        代码块 2……
```

当 aa.py 文件被直接运行时,代码块 2 将被执行;当 aa.py 文件作为模块被其他程序导入时,代码块 2 不会被执行。

第 **6** 章

字符编码与文件读写

所谓的编码,其本质就是把字符串类型的数据,利用不同的编码表,转换为字节类型的数据。

数据在内存中处理时,使用的格式是 Unicode 统一标准。在 Python 3 中,程序处理输入的字符串时,默认采用 Unicode 编码。数据在硬盘上存储,或是在网络上传输时,考虑节省空间的需要,采用的是 UTF-8 编码。也有一些中文的文件和中文网站使用 GBK、GB 2312 编码,如腾讯新闻网,如图 6.1 所示。

图 6.1 腾讯新闻网采用 GB 2312 进行编码

6.1 常见的编码类别

(1) **ASCII** 编码。在计算机中,所有的数据在存储和计算时都使用二进制表示,每 8 位二进制数称为 1 字节,每位二进制数又有 0、1 两种状态,因此 1 字节可以组合出 256 种状态。

如果每一个状态都分别对应一个符号,就能通过 1 字节的数据表示 256 个字符。ASCII 编码是一种标准的单字节字符编码方案,用于表示基本文本的数据。标准 ASCII 编码使用 7 位二进制数(剩下 1 位置为 0)来表示所有的大小写字母、数字 0~9、标点符号,以及在美式英语中使用的特殊控制字符。

(2) **Unicode 编码**。Unicode 编码又称为统一码、万国码、单一码,是国际组织制定的旨在容纳全球所有字符的编码方案,包括字符集、编码方案等,它为每种语言中的每个字符设定了统一且唯一的二进制编码,以满足跨语言、跨平台进行文本转换。

(3) **UTF-8 编码**。UTF-8 编码是针对 Unicode 的一种可变长度字符编码,可用来表示 Unicode 标准中的任何字符,且其编码中的第一个字节仍与 ASCII 编码相容,现已成为电子邮件、网页及其他存储或传送文字等应用优先采用的编码。UTF-8 和 UTF-16(UTF-8 表示最小单位 1 字节,等于 8b,所以它可以使用 1、2、3 字节等进行编码,UTF-16 表示最小单位 2 字节,所以它可以使用 2、4 字节进行编码)都是 Unicode 的编码方案。其中,UTF-8 因可以兼容 ASCII 编码而被广泛使用。

(4) **GB 2312 编码**。GB 2312 为中国汉字编码国家标准,共收录 7445 个字符,其中汉字 6763 个。GB 2312 兼容标准 ASCII 编码,采用扩展 ASCII 编码的编码空间进行编码,一个汉字占用 2 字节,每个字节的最高位为 1。通过区号(01~94)和位号(01~94)共同组成区位码(94×94)。将区号和位号分别加上 20H,得到的 4 位十六进制整数称为国标码。为了兼容标准 ASCII 编码,给国标码的每个字节加上 80H,形成的编码称为机内码,简称内码,它是汉字在机器中实际的存储代码。

```
print("Python数据采集与分析".encode('utf-8'))

b'Python\xe6\x95\xb0\xe6\x8d\xae\xe9\x87\x87\xe9\x9b\x86\xe4\xb8\x8e\xe5\x88\x86\xe6\x9e\x90'

print("数".encode('utf-8'),"据".encode('utf-8'),"采".encode('utf-8'),"集".encode('utf-8'),"与".encode('utf-8'),\
      "分".encode('utf-8'),"析".encode('utf-8'))

b'\xe6\x95\xb0' b'\xe6\x8d\xae' b'\xe9\x87\x87' b'\xe9\x9b\x86' b'\xe4\xb8\x8e' b'\xe5\x88\x86' b'\xe6\x9e\x90'
```

图 6.2　汉字的 UTF-8 编码示例

如图 6.2 所示,可以通过 encode()函数获取某一个字符串的编码信息,如果以 utf-8 作为调用 encode()函数的参数,获取的编码就是以 UTF-8 为编码的字符串信息。

如果采用 GB 2312 编码,得到如图 6.3 所示的结果。

```
print("Python数据采集与分析".encode('GB2312'))

b'Python\xca\xfd\xbe\xdd\xb2\xc9\xbc\xaf\xd3\xeb\xb7\xd6\xce\xf6'
```

图 6.3　汉字的 GB 2312 编码示例

上述示例中最前面都有一个字母 b,代表它是 byte(字节)类型的数据。\x 是分隔符,用来分隔一个字节和另一个字节。

如果在浏览器地址栏输入以下信息:

https://www.baidu.com/s?wd=%e6%95%b0%e6%8d%ae%e5%88%86%e6%9e%90

浏览器出现如图 6.4 所示的界面。

这里的%e6%95%b0%e6%8d%ae%e5%88%86%e6%9e%90 实际上就是"数据分析"的 UTF-8 编码。

也可以通过 decode()函数将编码后的信息进行解码,如图 6.5 所示。

所不同的是,在浏览器中是以%代替编码中的\x。

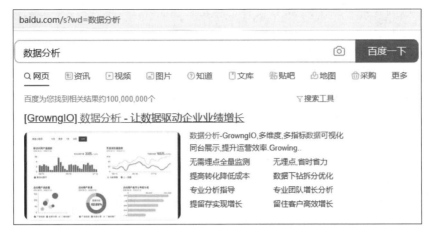

图 6.4　浏览器中以汉字的 UTF-8 编码进行搜索示例

```
print(b'\xe6\x95\xb0\xe6\x8d\xae\xe5\x88\x86\xe6\x9e\x90'.decode('utf-8'))
数据分析
```

图 6.5　采用 decode()函数对 UTF-8 编码进行汉字解码

6.2　文件读写

　　除了常见的标准输入(input()函数)输出(print()函数)之外,Python 同其他程序设计语言一样,也支持文件的读写操作。在数据采集与分析中,经常需要从计算机的硬盘中读取一个数据文件,然后对其中的数据进行处理,最后写回到数据文件,这就是文件的读写操作。文件的读写操作能否正常进行,又与文件的字符编码密切相关,如果编码信息设定不正确,读取的数据就可能出现乱码。

　　文件读写是 Python 代码调用计算机文件的主要功能,能被用于读取和写入文本记录、音频片段、Excel 文档、保存邮件以及任何保存在计算机上的东西。文件读写需按"打开文件→读/写文件→关闭文件"的顺序进行。

6.2.1　文件打开

　　语法:

```
file object = open(file_name [, access_mode][, buffering])
```

　　各个参数功能如下。

　　file_name:访问的文件名称的字符串值。

　　access_mode:可选参数,决定了打开文件的模式——只读、写入和追加等,默认访问模式为只读。

　　buffering:可选参数,一般不用。如果 buffering 的值被设为 0,就不会有缓存。如果 buffering 的值取 1,访问文件时会缓存行。如果将 buffering 的值设为大于 1 的整数,则指明缓冲区大小。如果 buffering 取负值,缓冲区大小则为系统默认值。

 小贴士

　　access_mode 的常见取值如下。

　　t:文本模式。

x：写模式，新建一个文件，如果该文件已存在则会报错。

b：二进制模式。

＋：打开一个文件进行更新(可读可写)。

r：以只读方式打开文件。文件的指针将会放在文件的开头。

rb：以二进制格式打开一个文件用于只读。文件指针将会放在文件的开头，一般用于非文本文件如图片等。

r＋：打开一个文件用于读写。文件指针将会放在文件的开头。

rb＋：以二进制格式打开一个文件用于读写。文件指针将会放在文件的开头。一般用于非文本文件如图片等。

w：打开一个文件只用于写入。如果该文件已存在则打开文件，并从开头开始编辑，即原有内容会被删除。如果该文件不存在，则创建新文件。

wb：以二进制格式打开一个文件只用于写入。如果该文件已存在则打开文件，并从开头开始编辑，即原有内容会被删除。如果该文件不存在，则创建新文件。一般用于非文本文件如图片等。

w＋：打开一个文件用于读写。如果该文件已存在则打开文件，并从开头开始编辑，即原有内容会被删除。如果该文件不存在，则创建新文件。

a：打开一个文件用于追加。如果该文件已存在，文件指针将会放在文件的结尾。也就是说，新的内容将会被写入已有内容之后。如果该文件不存在，则创建新文件进行写入。

a＋：打开一个文件用于读写。如果该文件已存在，文件指针将会放在文件的结尾。文件打开时会是追加模式。如果该文件不存在，则创建新文件用于读写。

6.2.2　文件读

语法：

```
fileObject.read([count])
```

read()方法从一个打开的文件中读取一个字符串。需要注意的是，Python 的字符串可以是二进制数据，而不仅仅是文字。

可选参数[count]指定需从已打开的文件中读取的字节数。该方法从文件的开头开始读入，如果没有传入 count，它会尝试尽可能多地读取更多的内容，可能直到文件的末尾。

先看一个例子。

在"记事本"中新建一个 books.txt 文件，默认以 UTF-8 格式保存，输入如图 6.6 所示的内容，同一行中不同内容以空格隔开。

输入如图 6.7 所示的代码并观察输出结果。

```
books.txt - 记事本
文件(F)  编辑(E)  格式(O)  查看(V)  帮助(H)
世界遗产 晁华山 北京大学出版社 2016.02
中国世界遗产与旅游 邓爱民 华中科技大学出版社 2020.06
发现中国-世界遗产 林德汤 北京出版社 2020.10
世界旅游遗产概论 郭凌 西南财经大学出版社 2017.07
```

图 6.6　UTF-8 编码格式保存的 txt 文件示例

```
file1=open('books.txt','r',encoding='utf-8')
filecontent=file1.read()
print(filecontent)
file1.close()

世界遗产 晁华山 北京大学出版社 2016.02
中国世界遗产与旅游 邓爱民 华中科技大学出版社 2020.06
发现中国-世界遗产 林德汤 北京出版社 2020.10
世界旅游遗产概论 郭凌 西南财经大学出版社 2017.07
```

图 6.7　文件的打开、读取及关闭操作

以上操作就是按照"打开文件→读取文件→关闭文件"的顺序依次执行。

另外一个文件读操作的方法为 readlines()，即"按行读取"，先来看图 6.8 所示的代码，并观察其运行结果。

```
file1 = open(r'C:\Users\wangr\abc.txt','r',encoding='utf-8')
file_lines = file1.readlines()
file1.close()

for i in file_lines:
    print(i)
```
```
Python爬虫大数据采集与挖掘 曾剑平 清华大学出版社 2020.3

微信小程序云开发 姜丽希 清华大学出版社 2021.1
```

图 6.8　readlines()按行读取文件的内容

小贴士

（1）这里输出的每一行数据都是一个字符串，如果要把同一行的 4 个代表不同信息的数据分开，即一行数据用 4 个字符串分别表示书名、作者、出版社、出版日期信息，可以使用 split()函数将信息分隔开。主要代码修改为如图 6.9 所示的形式。

```
for i in file_lines:
    data=i.split()
    print(data)
```
```
['Python爬虫大数据采集与挖掘', '曾剑平', '清华大学出版社', '2020.3']
['微信小程序云开发', '姜丽希', '清华大学出版社', '2021.1']
```

图 6.9　采用 split()函数将信息分隔开

（2）根据需要也可以采用 join()函数将不同的子串用指定的符号连接成一个字符串，如图 6.10 所示。

```
for i in file_lines:
    data=i.split()
    c=' - '
    print(c.join(data))
```
```
Python爬虫大数据采集与挖掘 - 曾剑平 - 清华大学出版社 - 2020.3
微信小程序云开发 - 姜丽希 - 清华大学出版社 - 2021.1
```

图 6.10　采用 join()函数将子串用"—"进行连接

如果在每一本书的信息中增加一个"定价"栏目，要求出多本书的总价格，并将总价格写入源数据文件中，该如何操作呢？

例如包含定价数据的书籍信息如图 6.11 所示。

```
Python爬虫大数据采集与挖掘 曾剑平 清华大学出版社 2020.3 59.8
微信小程序云开发 姜丽希 清华大学出版社 2021.1 89.9
```

图 6.11　包含定价数据的书籍信息

通过图 6.12 中的代码可以对每一本书的定价进行求和。

```
file1 = open(r'C:\Users\wangr\abc.txt','r',encoding='utf-8')
file_lines = file1.readlines()
file1.close()

sum=0
for i in file_lines:
    data=i.split()
    sum=sum+eval(data[4])

print(sum)
```
```
149.7
```

图 6.12　对书籍的定价信息进行求和操作

这里实现了求和功能,写文件操作放到后面介绍。

6.2.3　文件写

执行写文件操作的语法为 file. write()。

对文件进行写操作,需要在打开文件命令 open 中定义 access_mode 参数为 w,如:

```
file1 = open(r'C:\Users\wangr\abc.txt', 'w', encoding = 'utf - 8')
file1.write('Python 爬虫大数据采集与挖掘 曾剑平 清华大学出版社 2020.3\n')
file1.write('微信小程序云开发 姜丽希 清华大学出版社 2021.1\n')
file1.close()
```

运行以上代码后,为验证是否成功执行了写入操作,先找到该路径文件夹,再打开 abc.txt 文件,如图 6.13 所示,代码中指定的内容已成功写入相应文件中。

图 6.13　写文件操作示例

小贴士

(1) Windows 系统中常用"\"表示绝对路径,"/"表示相对路径。由于"\"在 Python 中是转义字符,因此时常会有冲突。所以,文件路径常写成以下两种格式。

第一种,通过转义字符来表示绝对路径:

```
open('C:\\Users\\wangr\\ abc.txt')
```

第二种,在绝对路径前加 r:

```
open(r'C:\Users\Ted\Desktop\test\abc.txt')
```

(2) 'w'写入模式会暴力清空文件,然后再写入。如果只想增加内容,而不想完全覆盖掉原文件,就应使用'a'模式,表示 append。

(3) write()函数写入文本文件的也是字符串类型。

(4) 在'w'和'a'模式下,如果要打开的文件不存在,open()函数会自动创建一个文件。'wb'的模式以二进制的方式打开一个文件用于写入,常用于图片和音频的存储。

再回到之前没有完成的任务,将所有书的定价进行求和,并写回文件中,参考代码如下:

```
file1 = open(r'C:\Users\wangr\abc.txt', 'r', encoding = 'utf - 8')
file_lines = file1.readlines()
file1.close()

sum = 0
for i in file_lines:
    data = i.split()
    sum = sum + eval(data[4])

file2 = open(r'C:\Users\wangr\abc.txt', 'a', encoding = 'utf - 8')
```

```
file2.write(str(sum))
file2.close()
```

打开 abc.txt 文件,可以发现已成功写入数据,如图 6.14 所示。

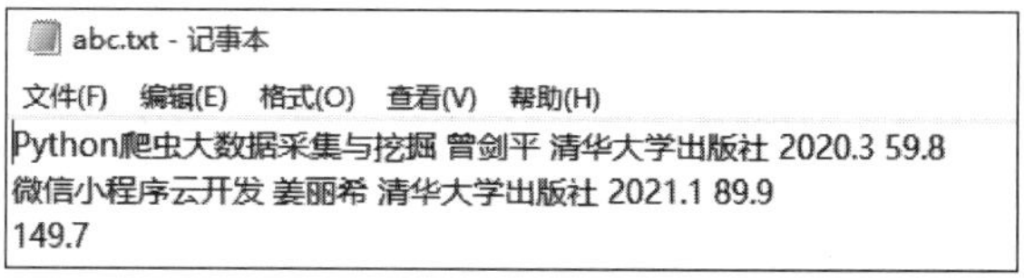

图 6.14 采用 append 模式向源文件中写入数据

6.2.4 文件关闭

语法为 file.close()。文件关闭后不能再进行读写操作,如需再次进行读写操作则需重新打开文件。

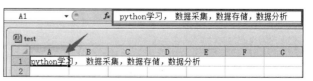

文件读写操作完成后,为什么要进行文件关闭操作? 原因如下。

(1) 计算机能够打开的文件数量是有限制的,打开文件过多而不关闭文件的话,就不能再打开其他文件了。

(2) 关闭操作能保证写入的内容已经在文件中被保存好了。

文件打开操作的另一种方式为 with open as,其语法为:

with open('文件路径', '读写模式') as 赋值对象:

使用 with 语句来读写文件,可以省去关闭文件的操作。

6.3 csv 文件的读写操作

csv 是一种字符串文件的格式,它组织数据的语法就是在**字符串之间加分隔符**,即**行与行之间加换行符,同行字符之间加逗号分隔**。csv 文件可以用任意的文本编辑器打开(如记事本),也可以用 Excel 打开,还可以通过 Excel 把文件另存为 .csv 格式(因为 Excel 支持 .csv 格式的文件)。

输入以下代码:

```
file = open('test.csv','a+')
file.write('python学习,数据采集,数据存储,数据分析') #注意:数据之间用英文逗号分隔
file.close()
```

用 Excel 打开刚生成的 test.csv 文件,如图 6.15 所示。

如果不用英文逗号分隔,将数据写成如下形式:

```
file.write('python学习,数据采集,数据存储,数据分析') #这里是中文逗号
```

再用 Excel 打开文件,观察图 6.16 中的数据。

图 6.15 用 Excel 打开 csv 文件

图 6.16 中文逗号分隔并不能真正将数据分离

上述数据就没有正确实现分隔,而是全部都放在一个单元格里面。

用.csv格式存储数据,读写比较方便,易于实现,文件也比 Excel 文件小。但 csv 文件缺少 Excel 文件本身的很多功能,例如不能嵌入图像和图表、不能生成公式。

6.3.1 写 csv 文件

(1) 引入 csv 模块:

```
import csv
```

(2) 调用 open()函数打开 csv 文件:

```
csv_file = open('expo.csv','w',newline = '',encoding = 'utf - 8')
```

(3) 用 csv.writer()函数创建一个 writer 对象:

```
writer = csv.writer(csv_file)
```

(4) 调用 writer 对象的 writerow()方法,在 csv 文件中写入文字:

```
writer.writerow(['展会名称', '展会场馆','展会时间'])
writer.writerow(['首届重庆门博会暨重庆定制家居板材博览会', 'S1','2021.3.27 - 29'])
```

(5) 关闭文件:

```
csv_file.close()
```

用记事本打开生成的 csv_file 文件,如图 6.17 所示。

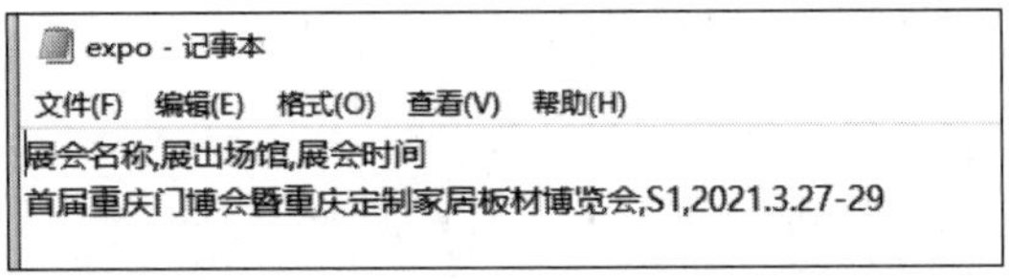

图 6.17 通过 csv 文件写操作生成的存储展会信息的数据文件

但是用 Excel 打开却是乱码,如图 6.18 所示。

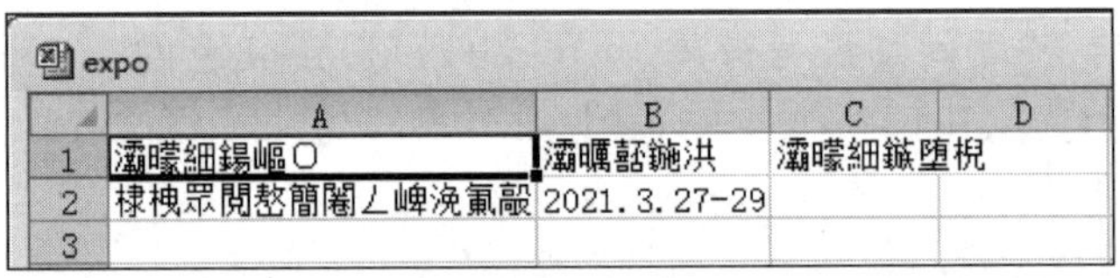

图 6.18 用 Excel 打开 csv 文件显示乱码信息

解决方法:将 encoding＝'utf-8'改为 encoding＝'utf-8-sig',正确信息如图 6.19 所示。

图 6.19 修改编码方式后的正确信息

小贴士

(1) 引入参数 newline＝''可以避免 csv 文件出现两倍的行距(行与行之间出现空白行)。

(2) 用 Excel 打开 csv 文件时默认用 ASNI 打开,它不能识别无 BOM 头(Byte Order Mark 字节序标记)的 Unicode 文件。

（3）utf-8 以字节为编码单元，它的字节顺序在所有系统中都是一样的，没有字节序问题，因此它不需要 BOM，采用 utf-8 编码方式生成的是不带有 BOM 的文件，用 Excel 打开这类 utf-8 编码生成的文件时就会发生类似图 6.18 所示的乱码问题。

（4）uft-8-sig 中 sig 全拼为 signature，也就是带有 BOM 签名的 utf-8，用 Excel 读取带有 BOM 的 utf-8 文件时会把 BOM 单独处理，与文本内容隔离开，也就是人们期望的如图 6.19 所示的结果。以上内容可参考 https://docs.python.org/2/library/codecs.html#module-encodings.utf_8_sig。

再来看用 with open 语句打开文件进行写操作。

```
import csv
with open('test2.csv','a',newline = '',encoding = 'utf - 8 - sig') as f:
    writer = csv.writer(f)
    writer.writerow(['Python 数据分析与大数据处理 - 从入门到精通',\
                                            '朱春旭','北京大学出版社','2019.11',89])
    writer.writerow(['Python 数据分析与大数据处理 - 从入门到精通',\
                                            '朱春旭','北京大学出版社','2019.11',89])
```

打开 test2.csv 文件，发现已成功写入，如图 6.20 所示。

A1　fx　Python数据分析与大数据处理-从入门到精通

	A	B	C	D	E	F
1	Python数据分析与力	朱春旭	北京大学出	2019.11	89	
2	Python数据分析与力	朱春旭	北京大学出	2019.11	89	

图 6.20　用 with open 语句打开文件进行写操作

6.3.2　读 csv 文件

（1）导入 csv 模块：

```
import csv
```

（2）打开 csv 文件：

```
csv_file = open('expo.csv','r',newline = '',encoding = 'utf - 8 - sig')
```

（3）用 csv.reader()函数创建一个 reader 对象：

```
reader = csv.reader(csv_file)
```

（4）输出内容：

```
for row in reader:
    print(row)
```

运行以上代码，输出结果如图 6.21 所示。

```
['展会名称', '展会场馆', '展会时间']
['首届重庆门博会暨重庆定制家居板材博览会', 'S1', '2021.3.27-29']
```

图 6.21　读 csv 文件

6.4　Excel 文件的读写操作

存储 csv 文件需要用到 csv 模块，存储 Excel 文件需要借助 openpyxl 模块。

一个 Excel 文件也称为一个工作簿（workbook），每个工作簿中可以有多个工作表（worksheet），当前打开的工作表又叫活动表。每个工作表中有行和列，特定的行与列相交的方格称为单元格(cell)。

小贴士

要操作 Excel 文件,需要在计算机端安装 openpyxl 模块。安装方法为:在终端输入命令 pip install openpyxl,按 Enter 键。

如果出现如图 6.22 所示的错误信息,如何解决呢?

```
C:\Users\wangr>pip install openpyxl
'pip' 不是内部或外部命令,也不是可运行的程序
或批处理文件。
```

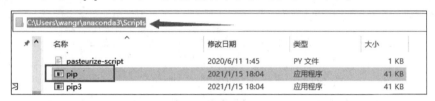

图 6.22　安装 openpyxl 模块提示的错误信息

解决方法一:进入 pip 所在的文件夹,复制路径,如图 6.23 所示。

图 6.23　pip 所在文件夹信息

切换到工作目录路径,再次执行 pip 命令即可,如图 6.24 所示。

```
C:\Users\wangr\anaconda3\Scripts>pip
```

图 6.24　进入工作目录路径再次执行 pip 命令

解决方法二:将 pip 添加到环境变量中。

右击"我的电脑",在弹出的快捷菜单中选择"属性"选项,如图 6.25 所示。

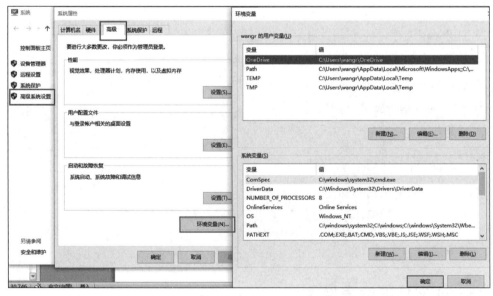

图 6.25　将 pip 添加到环境变量操作 1

依次单击"高级系统设置"→"环境变量"选项,弹出"环境变量"对话框,选择 Path 选项,单击"编辑"按钮,在弹出的"编辑环境变量"对话框中单击"新建"按钮,将 pip 所在工作目录路径添加进去即可,如图 6.26 所示。

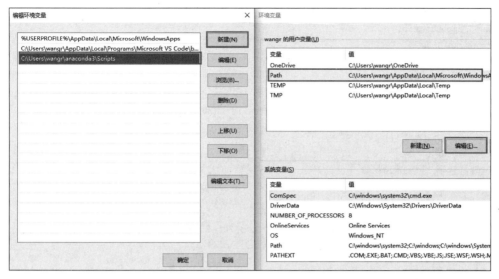

图 6.26　将 pip 添加到环境变量操作 2

注：有可能需要重启计算机路径才可生效。

pip 安装成功界面如图 6.27 所示。

```
C:\Users\wangr>pip install openpyxl
Collecting openpyxl
  Downloading openpyxl-3.0.7-py2.py3-none-any.whl (243 kB)
                                           243 kB 467 kB/s
Collecting et-xmlfile
  Downloading et_xmlfile-1.0.1.tar.gz (8.4 kB)
Building wheels for collected packages: et-xmlfile
  Building wheel for et-xmlfile (setup.py) ... done
  Created wheel for et-xmlfile: filename=et_xmlfile-1.0.1-py3-none-any.whl size=8913 sha256=0ead
c10430c9e966d1304575830c5fdc7dc4cbf2
  Stored in directory: c:\users\wangr\appdata\local\pip\cache\wheels\6e\df\38\abda47b884e3e25f9f
c0c51759
Successfully built et-xmlfile
Installing collected packages: et-xmlfile, openpyxl
Successfully installed et-xmlfile-1.0.1 openpyxl-3.0.7
```

图 6.27　pip 安装成功界面

6.4.1　向 Excel 文件中写入数据

（1）通过 import 语句引用 openpyxl：

```
import openpyxl
```

（2）利用 openpyxl.Workbook() 函数创建新的 workbook（工作簿）对象，就是创建新的空的 Excel 文件：

```
wb = openpyxl.Workbook()          ♯此处的 Workbook 首字母为大写
```

（3）获取工作表：

```
sheet = wb.active
```

（4）工作表重命名：

```
sheet.title = 'new title'
```

（5）往工作表单元格中写入元素：

```
sheet['A1'] = 'VR 场馆'
```

如果想往工作表中写入一行内容，可执行以下操作：

```
info = ['展会名称','展会场馆','展会时间']
sheet.append(info)
```

（6）保存文件：

```
wb.save('expo.xlsx')
```

代码示例：

```
import openpyxl
wb = openpyxl.Workbook()
sheet = wb.active
sheet.title = '近期展会'
sheet['A1'] = '展会名称'
sheet['B1'] = '展会场馆'
sheet['C1'] = '展会时间'
infos = [['重庆美好生活展','N1/N2/N4','2021.3.20 – 2021.3.21'],['首届重庆门博会暨重庆定制家
居板材博览会','S1','2021.03.27 – 2021.03.29']]
for i in infos:
    sheet.append(i)

wb.save('expo.xlsx')
```

打开 expo.xlsx 文件，如图 6.28 所示。

	A	B	C	D	E
1	展会名称	展会场馆	展会时间		
2	重庆美好生活展	N1/N2/N4	2021.3.20-2021.3.21		
3	首届重庆门博会暨重庆定	S1	2021.03.27-2021.03.29		

图 6.28　写入数据到 Excel 文件应用示例

6.4.2　读取 Excel 文件中的数据

（1）打开要读取数据的 Excel 文件：

```
wb = openpyxl.load_workbook('expo.xlsx')
```

（2）获取 expo.xlsx 工作簿中名为"近期展会"的工作表：

```
sheet = wb['近期展会']
```

（3）将"近期展会"工作表中 A1 单元格赋值给 A1_cell，再利用单元格的 value 属性，打印出 A1 单元格的值：

```
A1_cell = sheet['A1']
A1_value = A1_cell.value
print(A1_value)
```

小贴士

可以通过 sheetnames 来获取工作簿中所有工作表的名字。如果不知道工作簿到底有几个工作表，可以把工作表的名字都打印出来。

```
sheetname = wb.sheetnames
print(sheetname)
```

第 **7** 章

Python面向对象编程

面向对象（Object Oriented, OO）是一种软件设计方法论，面向对象的设计思想已扩展到数据库、架构设计、人机交互等领域。面向对象是一个相对于面向过程的概念。面向过程的方法是，根据业务按照顺序依次编写代码，遇到需要重用的代码则封装成函数。面向过程是将事物发展**过程**用程序表示出来，强调的是**过程化思想**；面向对象是对事物的一种抽象，强调的是**模块化思想**。

先来看一段面向过程的编码：

```python
book_list = [ ]
def add_book(book_name, author, press_name, publish_date, price):
    global book_list
    book_list.append([book_name, author, press_name, publish_date, price])

while True:
    book_name = input('请输入书名：\n')
    author = input('请输入作者：\n')
    press_name = input('请输入出版社名称：\n')
    publish_date = input('请输入出版日期(YYYY - MM)：\n')
    price = eval(input('请输入价格：'))

    add_book(book_name, author, press_name, publish_date, price)
    c = input('是否还需要添加?(Y/N)')
    if (c == 'Y' or c == 'y'):
        pass
    elif (c == 'N' or c == 'n'):
        break
    else:
        print('输入错误,退出')
        break

print(book_list)
```

再来看面向对象的编码：

```python
class Book:
```

```python
    def __init__(self,name,author,press_name,publish_date,price = 0):
        self.name = name
        self.author = author
        self.press_name = press_name
        self.publish_date = publish_date
        self.price = price

    def print_info(self):
        print( '名称:《% s》作者: % s 出版社: % s 出版时间: % s \
               价格: % d' % (self.name, self.author,
                   self.press_name, self.publish_date, self.price))

class Library:
    book_list = [ ]
    def __init__(self):
        book1 = Book('Python 数据分析与大数据处理', '朱春旭', \
                           '北京大学出版社', '2019 - 11', 89)
        self.book_list.append(book1)

    def print_books(self):
        for book in self.book_list:
            print('名称:《% s》  作者: % s 出版社: % s 出版时间: \
                       % s 价格: % d' % (book.name, book.author, \
                       book.press_name, book.publish_date, book.price))

    def add_book(self):
        new_name = input('请输入书名: ')
        new_author = input('请输入作者: ')
        new_press = input('请输入出版社名称: ')
        new_publish_date = input('请输入出版时间(YYYY - MM):')
        new_price = eval(input('请输入价格:'))

        new_book = \
            Book(new_name, new_author, new_press, new_publish_date, new_price)
        new_book.print_info()
        self.book_list.append(new_book)
        print('新增书籍成功!\n')

librarian = Library()
print('------- 新增一本图书 ------- \n')
librarian.add_book()
print('------- 打印所有图书信息 ------- \n')
librarian.print_books()
```

在面向对象的程序设计中,所有的代码基本都是通过类、对象(实例)的方式来组织的。每一个类都定义了该类的属性和方法,对象是类的实例化。上述代码中的 Book 是一个类,表示书这一个类别。书有 5 个属性,分别为书名、作者、出版社名称、出版时间和价格;Book 类还定义了初始化方法__init__()(让实例被创建时自动获得这些属性)以及 print_info()方法(用于输出该本书的信息)。book1、new_book 是 Book 类的两个实例化的对象,代表具体哪一本书,而 Book 则抽象表示书这一个类。

Library 是另外一个类,具有列表属性 book_list,用于存放所有书的信息。该类有 3 个方法,分别为__init__()(用于实例被创建时的初始化)、print_books()方法(用于输出所有书的信息)和 add_book()方法(用于增加一本书的信息)。类中定义的方法,在对象被实例化创建时采用"对象名.方法名"的方式进行调用,如 librarian. add_book()、librarian. print_books()等。

7.1　面向对象思想简介

面向对象的基本思想是万事万物皆对象,这些对象都是某个类别的一个实例,每个对象都是一个确定的类型,并拥有该类型的所有特征属性和行为。

面向对象的三大特征:封装、继承和多态。

封装是对事物的抽象,在 Python 中,通过关键词 class 将抽象的事物封装成一个类,类中定义该事物的属性和方法行为。

继承是对封装的扩展。当新的类别 B 除具有已有类别 A 的属性和行为之外,还拥有自身特有的一些属性和行为,就称 B 继承 A,A 称为父类,B 称为子类。

多态指子类虽与父类有相同行为,但表现形式不同。

小贴士

(1) 在 Python 中,类和对象并没有太明显的界限。所有的类、方法都被当作对象。

(2) 对于整数、字符串、浮点数等,不同的数据类型就属于不同的类。

在 Python 的术语里,把类的个例称为实例(instance),可理解为"实际的例子"。

类是某个特定的群体,实例是群体中某个具体的个体。

Python 中的对象等于类和实例的集合,即类可以看作是对象,实例也可以看作是对象,例如列表 list 是一个类对象,[1,2]是一个实例对象,它们都是对象。字符串、整数、列表等都属于不同的类,如图 7.1 所示。

Python 中每个类都有自己独特的属性(attribute)和方法(method),这是这个类的所有实例都共享的,每个实例都可以调用该类中所有的属性和方法。

```
print(type('1')) # '1'属于字符串类'str'
print(type(1))   # 1属于整数类'int'
print(type([1])) # [1]属于列表类'list'
print(type(list))

<class 'str'>
<class 'int'>
<class 'list'>
<class 'type'>
```

图 7.1　字符串、整数、列表等都属于不同的类

7.2　类的创建

类的创建与函数定义类似,语法为:

```
class 类名([基类列表]):
        属性名称
        方法名称
```

如果该类的定义没有继承任何基类,则[基类列表]参数置空,如 class Book、class Library。类中方法(行为)的定义与函数定义类似,不同之处在于类的方法需要携带一个放在首位的参数 self,如 def __init__(self)、def print_info(self)、def print_books(self)等。

```
new_book = Book(new_name,new_author,new_press,new_publish_date,new_price)
librarian = Library()
```

以上两行代码称为**类的实例化**,即在某个类下创建一个实例对象。

类的实例化语法为:

```
实例名 = 类名()
```

小贴士

(1) 如果要在类的外部调用类属性,需先创建一个实例,再用实例名.属性的格式调用。

(2) 如果在类的内部调用类属性,而实例还没有创建,就需要有一个变量先代替实例接收数据,这个变量就是参数 self,如 self. name、self. book_list 等。

(3) 只要在类中用 def 创建方法,就必须把第一个参数位置留给 self,并在调用方法时忽略它(不用给 sclf 传参)。

(4) 当想在类的方法内部调用类属性或其他方法时,就要采用 self. 属性名或 self. 方法名()的格式。

7.2.1 初始化方法的定义

定义初始化方法的格式为:

```
def __init__(self)
```

初始化方法是由 init 加左右两边的双下画线"__"组成。

初始化方法的作用在于:当每个实例对象创建时,该方法内的代码无须调用就会自动运行。除了设置固定常量,初始化方法同样可以接收其他参数,让传入的这些数据能作为属性在类的方法之间流转,如 Book 类中的初始化方法的定义:

```
def __init__(self,name,author,press_name,publish_date,price = 0)
```

小贴士

用 OOP 思维设计代码时,考虑的不是程序具体的执行过程(即先做什么后做什么),而是根据功能需求,需创建哪些类、类中定义哪些属性和方法,即是什么和能做什么。

7.2.2 类的继承

类的继承即是让子类拥有父类所有的属性和方法,除此之外,子类还可以在继承的基础上进行个性化的定制,包括创建新属性、新方法,以及修改继承的属性或方法。

类的继承的语法:

```
class A(B): #A 为子类名,B 为父类名
```

例如,当当网将图书分成多个不同类别,如"童书""教育""文艺""人文社科"等。在前面的示例代码中,定义了 Book 类,包含了图书的一般基本信息,如书名、作者、出版社、出版时间、价格等,如图 7.2 所示。

先简单定义一个"文学"图书的类别:

```
class Literature_book(Book):
    pass
```

这里定义了一个 Literature_book 类,继承 Book 父类。接下来对 Literature_book 类实例化:

```
jixianlin = Literature_book('季羡林散文集全套','季羡林',\
                    '人民文学出版社','2021.04',89.8)
jixianlin.print_info()
print(jixianlin.name)
```

图 7.2 当当网中定义的各种不同书的类别

输出如图 7.3 所示。

名称:《季羡林散文集全套》 作者:季羡林 出版社:人民文学出版社 出版时间:2021.04 价格:89
季羡林散文集全套

图 7.3 子类的定义及实例化

通过继承,Book 类有的属性和方法,Literature_book 类也有,子类可以继承父类的属性和方法,进而传递给子类创建的实例,如代码

```
jixianlin = Literature_book('季羡林散文集全套','季羡林',\
                            '人民文学出版社','2021.04',89.8)
```

继承了父类的 __init__()方法,将 5 个实际参数分别赋值给 name、author、press_name、publish_date 和 price。

子类 Literature_book 创建的实例 jixianlin,从子类 Literature_book 间接得到了父类的所有属性和方法,可直接使用父类的属性 jixianlin. name,调用父类的方法 jixianlin. print_info()。

7.2.3 类的定制

通过类的定制,可以在类中增加新的代码。

```
class Literature_book(Book):
    stars = '1 星以上'

    def category(self):
        print('我们是文学类书籍')

jixianlin = Literature_book('季羡林散文集全套','季羡林',\
                            '人民文学出版社','2021.04',89.8)
print(jixianlin.name)           #子类实例使用父类的属性
print(jixianlin.stars)          #子类实例使用子类定制的属性
jixianlin.print_info()          #子类实例使用父类的方法
jixianlin.category()            #子类实例使用子类定制的方法
```

输出结果如图 7.4 所示。

```
季羡林散文集全套
1星以上
名称：《季羡林散文集全套》作者：季羡林 出版社：人民文学出版社 出版时间：2021.04 价格：89
我们是文学类书籍
```

图 7.4　类的定制应用示例

📚 小贴士

(1) 在 Python 中,如果方法名形式是左右带双下画线的,那么就属于特殊方法(如初始化方法),有着特殊的功能。

(2) 只要在类中定义了 __str__(self)方法,那么当使用 print()函数打印实例对象时,就会直接打印出在这个方法中返回的数据。

请看以下代码：

```python
class Literature_book(Book):
    def __init__(self,name,author,press_name,publish_date,price = 0,\
                                            brand = '作家榜经典',stars = '1星以上'):
        Book.__init__(self,name,author,press_name,publish_date,price)
        self.brand = brand
        self.stars = stars

    def __str__(self):
        return '名称：%s 作者：%s 出版社：%s 出版日期：%s 价格：%4.1f元 \
               品牌：%s 用户评论：%s' % (self.name, self.author, self.press_name, \
               self.publish_date, self.price, self.brand, self.stars)

jixianlin = Literature_book('季羡林散文集全套','季羡林','人民文学出版社','2021.04',89.8)
print(jixianlin)
```

输出结果如图 7.5 所示。

```
名称：季羡林散文集全套 作者：季羡林 出版社：人民文学出版社 出版日期：2021.04 价格：89.8元 品牌：作家榜经典 用户评论：1星以上
```

图 7.5　__str__()方法应用示例

📚 小贴士

很多类在创建时也不带括号,如"class Book:"。这意味着它们没有父类吗？并不是这样。实际上,"class Book:"在运行时相当于"class Book(object):"。而 object 是所有类的父类,将其称为根类(可理解为类的始祖)。

类的继承又分单一继承(即只有一个父类)和多重继承(继承多个父类)。

第二篇
Python数据采集

第 8 章

网络爬虫原理

使用浏览器上网时,首先会在地址栏输入一个网址,浏览器会依据网址向服务器发送资源请求,服务器解析请求,并将相关数据传回浏览器,这些数据包括 Page 的描述文档、图片、JavaScript 脚本、CSS 等。此后,浏览器引擎会对数据进行解码、解析、排版、绘制等操作,最终呈现出完整的页面。

爬虫可以模拟浏览器向服务器**发出请求**;等服务器**响应**后,爬虫程序还可以代替浏览器帮我们**解析数据**;接着,爬虫可以根据设定的规则批量**提取相关数据**,而不需要我们去手动提取;最后,爬虫可以批量地把**数据存储**到本地。

8.1 爬虫的工作步骤

爬虫工作分如下 4 个步骤:

(1) 获取数据,根据网址,向服务器发出请求,然后返回数据;

(2) 解析数据,将服务器返回的数据解析成用户能读懂的格式;

(3) 提取数据,从解析出的数据中提取出用户想要的数据;

(4) 存储数据。

获取数据,需要用到 requests 库。requests 库的功能:帮用户下载网页源代码、文本、图片,甚至是音频。"下载"本质上是向服务器发送请求并得到响应。

小贴士

安装 requests 库:按 WIN+R 组合键,在"运行"窗口中输入 cmd,按 Enter 键,然后再输入 pip install requests 即可。

通过调用 requests 库中的 get()方法向服务器发送请求,get()方法括号里的参数是所要抓取数据所在的网址,然后服务器对该请求做出响应,返回 **Response 对象**。

具体用法如下:

```
import requests
res = requests.get('URL')
```

返回的 res 的类型可通过 print(type(res))获取,其输出结果如图 8.1 所示。

`<class 'requests.models.Response'>`

图 8.1　request.get()返回的 res 类型

也即表示,res 是一个对象,属于 requests. models. Response 类。

Response 对象的常用属性如表 8.1 所示。

表 8.1　Response 对象的常用属性

序　号	属　性	作　用
1	response. status_code	检查请求是否成功
2	response. content	把 Response 对象转换为二进制数据
3	response. text	把 Response 对象转换为字符串数据
4	response. encoding	定义 Response 对象的编码

小 贴 士

（1）如果 print(res. status_code)打印输出的结果为 200,表示服务器同意了请求,并返回数据给用户。

（2）response. content 属性是将 Response 对象的内容以二进制数据的形式返回,适用于图片、音频、视频等的下载。

（3）requests 在获取网络资源后,以两种方式查看内容:一种是 res. text;另一种是 res. content。res. text 返回的是处理过的 Unicode 型的数据,而使用 res. content 返回的是 bytes 型的原始数据。也就是说,res. content 相对于 res. text 节省了计算资源,res. content 是把内容 bytes 返回,而 res. text 是编码为 Unicode。如果 headers 没有 charset(字符集),text()则会调用 charset 来计算字符集。

先以一个简单例子介绍 requests 库的用法。

例 8.1:打开任意一个网站,选取该网站中的一幅图片,编写程序将其抓取并以文件保存在本地硬盘中。

这里以"人民网"为例,选择其中一幅图片,右击,在弹出的快捷菜单中选择"复制图像链接"选项,然后输入以下代码:

```
import requests
#直接按 Ctrl + V 组合键就可以将复制的图像链接地址粘贴在 get()函数中的 URL 里
res = requests.get('http://www.people.com.cn/NMediaFile/2021/0817/\
                                        MAIN202108171424304898339905519.jpg')
pic = res.content
photo = open('people.jpg','wb')
photo.write(pic)
photo.close()
```

运行该代码后,可在该程序运行的当前目录下找到生成的 people. jpg 文件并可打开,如图 8.2 所示。

以上只是实现了一幅图片的简单抓取,并且是在已知图片 URL 地址的条件下,那有没有可能同时抓取多幅图片并都将它们以图片文件存放在本地呢? 这是例 8.2 要完成的。

例 8.2:以 2021 年 8 月 17 日人民网的内容为例,首页轮播图片中共有 7 幅,编写程序实现批量抓取图片并以文件保存,如图 8.3 所示。

在尚未掌握更多技术和方法前,暂且采用一种"简单且粗暴"的方法,先得到这 7 幅图片的 URL 地址,通过循环依次抓取,其参考代码为:

图 8.2 从人民网抓取图片并存储在本地硬盘

图 8.3 2021 年 8 月 17 日人民网首页轮播的 7 幅图片

```python
import requests
url_list = [
'http://www.people.com.cn/NMediaFile/2021/0817/MAIN202108171424304898339905519.jpg',
'http://www.people.com.cn/NMediaFile/2021/0817/MAIN202108170919356341106143930.jpg',
'http://www.people.com.cn/NMediaFile/2021/0817/MAIN202108171424322370252789518.jpg',
'http://www.people.com.cn/NMediaFile/2021/0817/MAIN202108171424315262015251848.jpg',
'http://www.people.com.cn/NMediaFile/2021/0817/MAIN202108170948250213883217859.jpg',
'http://www.people.com.cn/NMediaFile/2021/0817/MAIN202108171424311739556704636.jpg',
'http://www.people.com.cn/NMediaFile/2021/0817/MAIN202108170951295802210264090.jpg']

for u in url_list:
    res = requests.get(u)
    pic = res.content
    photo = open(u[-35:],'wb')

    photo.write(pic)
    photo.close()
```

从图 8.4 可以看到,这 7 幅图片文件已被成功下载到本地。

MAIN2021081709512958022102640 90.jpg	2021/8/18 12:05	JPG 文件	251 KB
MAIN2021081714243117395567046 36.jpg	2021/8/18 12:05	JPG 文件	279 KB
MAIN2021081709482502138832178 59.jpg	2021/8/18 12:05	JPG 文件	206 KB
MAIN2021081714243152620152518 48.jpg	2021/8/18 12:05	JPG 文件	380 KB
MAIN2021081709193563411061439 30.jpg	2021/8/18 12:05	JPG 文件	195 KB
MAIN2021081714243223702527895 18.jpg	2021/8/18 12:05	JPG 文件	429 KB
MAIN2021081714243048983399055 19.jpg	2021/8/18 12:05	JPG 文件	481 KB

图 8.4　采用 for 循环实现简单批量抓取网站的 7 幅图片功能

8.2　爬虫伦理

2013 年 10 月 16 日,百度公司诉奇虎公司 360 违反 Robots 协议案公开审理。百度公司表示,奇虎公司在经营 360 搜索引擎的过程中存在对百度公司的不正当竞争行为,主要是违反搜索引擎的 Robots 协议,擅自抓取、复制原告网站的图片并生成快照向用户提供。2014 年 8 月 7 日,北京第一中级人民法院做出一审判决,认为奇虎 360 违反了《反不正当竞争法》相关规定,应赔偿百度公司经济损失及合理支出共计 70 万元。

8.2.1　Robots 协议

Robots 协议是互联网爬虫的一项公认的道德规范,它的全称是"网络爬虫排除标准"(robots exclusion protocol),这个协议用来告诉爬虫,哪些页面可以抓取,哪些网页不可以抓取。

使用 Robots 协议的场景通常是:看到想获取的内容后,检查一下网站是否允许抓取。因此只需要能找到、简单读懂的 Robots 协议就足够了。

robots.txt 是存放在**站点根目录下的一个纯文本文件**。虽然它的设置很简单,但是作用却很强大。它可以指定搜索引擎爬虫只抓取指定的内容,或者禁止搜索引擎爬虫抓取网站的部分或全部内容。

8.2.2　robots.txt 的使用方法

robots.txt 文件存放在网站根目录下,并且该文件是可以通过互联网进行访问的。例如,如果网站地址是 http://www.yourdomain.com/,该文件必须能够通过 http://www.yourdomain.com/robots.txt 打开并看到里面的内容。

robots.txt 文件主要包括两项内容,分别通过 User-agent 和 Disallow 来定义,二者含义描述如下。

User-agent:用于描述搜索引擎爬虫的名字。在 robots.txt 文件中,如果有多条 User-agent 记录,说明有多个搜索引擎爬虫会受到该协议的限制。对 robots.txt 文件来说,至少要有一条 User-agent 记录。

如果该项的值设为 * ,则该协议对任何搜索引擎爬虫均有效,在 robots.txt 文件中,"User-agent: * "这样的记录只能有一条。

Disallow:用于描述不希望被访问到的一个 URL。这个 URL 可以是一条完整的路径,也可以是部分的,任何以 Disallow 开头的 URL 均不会被 robot 访问到。

举例如下。

(1)"Disallow:/help"是指/help.html 和/help/index.html 等都不允许搜索引擎爬虫抓取。

（2）"Disallow：/help/"是指允许搜索引擎爬虫抓取/help.html，而不能抓取/help/index.html 等。

（3）Disallow 记录为空，说明该网站的所有页面都允许被搜索引擎抓取，在"/robots.txt"文件中，至少要有一条 Disallow 记录。如果"/robots.txt"是一个空文件，则对于所有的搜索引擎爬虫，该网站都是开放的、可以被抓取的。

（4）♯：robots.txt 中的注释符。

综合例子如下。

（1）通过"/robots.txt"禁止所有搜索引擎爬虫抓取"/bin/cgi/"目录，以及"/tmp/"目录和"/foo.html"文件，设置方法如下：

```
User - agent: *
Disallow: /bin/cgi/
Disallow: /tmp/
Disallow: /foo.html
```

（2）通过"/robots.txt"只允许某个搜索引擎抓取，而禁止其他的搜索引擎抓取。如，只允许名为 slurp 的搜索引擎爬虫抓取，而拒绝其他的搜索引擎爬虫抓取"/cgi/"目录下的内容，设置方法如下：

```
User - agent: *
Disallow: /cgi/
User - agent: slurp
Disallow:
```

（3）禁止任何搜索引擎抓取，设置方法如下：

```
User - agent: *
Disallow: /
```

（4）只禁止某个搜索引擎抓取，如只禁止名为 slurp 的搜索引擎爬虫抓取，设置方法如下：

```
User - agent: slurp
Disallow: /
```

图 8.5、图 8.6 分别给出了京东网站(jd.com)、天猫网站(tmall.com)根目录下的 robots.txt 文件的内容。

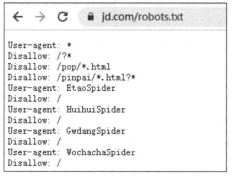

图 8.5　jd.com 网站的 robots.txt 文件

图 8.6　tmall.com 网站的 robots.txt 文件

8.3　使用 BeautifulSoup 解析和提取网页中的数据

BeautifulSoup 是一个 HTML/XML 的解析器，用于解析和提取 HTML/XML 数据，为网页数据抓取提供支持。BeautifulSoup 自动将输入文档转换为 Unicode 编码，输出文档转换为

视频讲解

UTF-8 编码,支持 Python 标准库中的 HTML 解析器,其用法为:

```
bs 对象 = BeautifulSoup(要解析的文本,'解析器')
```

BeautifulSoup 也支持一些第三方的解析器,如 lxml HTML 解析器、lxml XML 解析器。在 BeautifulSoup 后面的括号中,要输入两个参数:第一个参数是要被解析的文本;第二个参数用来标识解析器,可以是 Python 内置库 html. parser,它不是唯一的解析器,却是简单的那个。

小贴士

(1) BeautifulSoup 不是 Python 标准库,需要使用 pip 命令单独安装。

(2) 要解析的文本必须是字符串。

先来看一段代码:

```python
import requests
from bs4 import BeautifulSoup
res = requests.get('https://www.xuexi.cn/lgpage/detail/index.html?id = 7647233496687807192&item_id = 7647233496687807192')
soup = BeautifulSoup( res.text,'html.parser')
# 查看 soup 的类型
print(type(soup))
# 打印 soup
print(soup)
```

输出结果如图 8.7 所示。

图 8.7 BeautifulSoup 应用示例

由结果可知,soup 的数据类型是< class 'bs4. BeautifulSoup '>,说明 soup 是一个 BeautifulSoup 对象。其内容为请求网页的完整 HTML 源代码。

小贴士

虽然 response. text 和 soup 打印出的内容表面上看一模一样,但它们属于不同的类:< class 'str'>与< class 'bs4. BeautifulSoup'>。前者是字符串,后者是已经被解析过的 BeautifulSoup 对象。之所以打印出来的是一样的文本,是因为 BeautifulSoup 对象在直接打印它时会调用该对象内的 str()方法,所以直接打印 bs 对象显示的字符串实际上是调用该对象内方法 str()的返回结果。

现在以 http://chongqingexpo. com/Home/exhibition/short. html 网页源代码为例(右击,在弹出的快捷菜单中选择"查看网页源代码"选项)。

为简单起见,仅分析该网页源代码的前部分,如图 8.8 所示。

```
<html lang="en">
<head>
    <meta charset="utf-8">
    <meta http-equiv="X-UA-Compatible" content="IE=edge">
    <meta name="keywords" content="重庆国际博览中心官方网站"/>
    <meta name="Description" content="重庆国际博览中心官方网站"/>
    <link rel="stylesheet" href="/Public/Home/css/swiper.min.css">
    <link rel="stylesheet" href="/Public/Home/css/currency.css">
    <link rel="stylesheet" href="/Public/Home/css/page.css">
    <link rel="stylesheet" href="/Library/font-awesome-4.5.0/css/font-awesome.min.css">
    <script type="text/javascript" src="/Public/Home/js/jquery-2.2.4.min.js"></script>
    <script src="/Public/Home/js/swiper.min.js"></script>
    <script src="/Public/Home/js/nav.js"></script>
    <style>
        .header{
            height:500px !important;
            overflow: hidden !important;
        }
    </style>

    <link rel="stylesheet" href="/Public/Home/css/about.css">
    <link rel="stylesheet" href="/Public/Home/css/cooperation.css">
    <title>展会信息</title>
<script>
    $(function(){
        $(".food-box a ").hover(function(){
            $(this).find('.coopera-center-1 ').find('h4').addClass("active");
            $(this).siblings().find('.coopera-center-1 ').find('h4').removeClass("active");
        })
    })
</script>
<!--<style>
    .short-box-lit .coopera-center-1 label{
            }
</style>-->
</head>
```

图 8.8 http://chongqingexpo.com/Home/exhibition/short.html 网页源代码

结合以上网页源代码内容,先来看一段代码:

```
import requests
from bs4 import BeautifulSoup

res = requests.get('http://chongqingexpo.com/Home/exhibition/short.html')
bs = BeautifulSoup(res.text,'html.parser')

bs.prettify()
print('此处打印 title:\n%s\n'%(bs.title))
print('此处打印 title.name:\n%s\n'%(bs.title.name))
print('此处打印 title.string:\n%s\n'%(bs.title.string))
print('此处打印 head:\n%s\n'%(bs.head))
print('此处打印第一个 meta:\n%s\n'%(bs.meta))
print('此处打印第一个 link:\n%s\n'%(bs.link))
```

第一条 print 语句打印该网页源代码的 title 信息,结果如图 8.9 所示。

第二条 print 语句打印 title 标签的 name 信息,结果如图 8.10 所示。

第三条 print 语句打印 title 标签的 string 信息,结果如图 8.11 所示。

```
此处打印title:
<title>展会信息</title>
```

图 8.9 打印 title 信息

```
此处打印title.name:
title
```

图 8.10 打印 title 标签的
name 信息

```
此处打印title.string:
展会信息
```

图 8.11 打印 title 标签的
string 信息

往往此处的内容是我们感兴趣的,由此我们知道要抓取网页的标题名称需要用到<title>标签的 string 属性。

第四条 print 语句打印该网页源代码的 head 信息,结果如图 8.12 所示。

```
此处打印head:
<head>
<meta charset="utf-8"/>
<meta content="IE-edge" http-equiv="X-UA-Compatible"/>
<meta content="重庆国际博览中心官方网站" name="keywords">
<meta content="重庆国际博览中心官方网站" name="Description">
<link href="/Public/Home/css/swiper.min.css" rel="stylesheet"/>
<link href="/Public/Home/css/currency.css" rel="stylesheet"/>
<link href="/Public/Home/css/page.css" rel="stylesheet"/>
<link href="/Library/font-awesome-4.5.0/css/font-awesome.min.css" rel="stylesheet"/>
<script src="/Public/Home/js/jquery-2.2.4.min.js" type="text/javascript"></script>
<script src="/Public/Home/js/swiper.min.js"></script>
<script src="/Public/Home/js/nav.js"></script>
<style>
    .header{
        height:500px !important;
        overflow: hidden !important;
    }
</style>
<link href="/Public/Home/css/about.css" rel="stylesheet"/>
<link href="/Public/Home/css/cooperation.css" rel="stylesheet"/>
<title>展会信息</title>
<script>
    $(function(){
        $(".food-box a ").hover(function(){
            $(this).find(".coopera-center-1 ").find("h4").addClass("active");
            $(this).siblings().find(".coopera-center-1 ").find("h4").removeClass("active");
        })
    })
</script>
<!--<style>
    .short-box-lit .coopera-center-1 label{
        }
</style>-->
</meta></meta></head>
```

图 8.12　打印该网页源代码的 head 信息

将< head ></head >之间的所有 HTML 代码打印输出。

```
此处打印第一个meta:
<meta charset="utf-8"/>
```

图 8.13　打印第一个 meta 信息

第五条 print 语句打印第一个 meta 标签的信息。从前述代码可见，有 4 个 meta，第一个 meta 的内容为< meta charset="utf-8">，也正是代码运行的结果，如图 8.13 所示。

8.3.1　find( )与 find_all( )的应用

视频讲解

BeautifulSoup 将复杂的 HTML 文档转换为一个复杂的树形结构，每个节点都是 Python 对象，所有对象可以归纳为如下 4 种：

（1）Tag。

（2）NavigableString。

（3）BeautifulSoup。

（4）Comment。

Tag 相当于一个个 html 标签，利用 soup 加标签名可获取这些标签的内容，如 bs.title 是获取< title >标签的内容，bs.head 是获取< head >标签的内容。这些对象的类型是 bs4.element.Tag。

🛎小贴士

（1）Tag 查找的是在所有内容中的第一个符合要求的标签。

（2）对于 Tag，它有两个重要的属性：name 和 attrs，如 bs.title.name 输出 title，bs.link.attrs 则输出{'rel'：['stylesheet'], 'href'：'/Public/Home/css/swiper.min.css'}。

NavigableString 指明可以用 string 属性获取标签内部的名字，如 bs.title.string 的内容为"展会信息"。

BeautifulSoup 提取数据用到两大方法：find()与 find_all()，以及 Tag 对象（标签对象）。

find()只提取首个满足要求的数据。find()方法将对代码从上往下找，找到符合条件的第一个数据，不管后面是否还有满足条件的其他数据都停止寻找，立即返回。

find_all()，顾名思义（find all，即查找全部），提取出的是所有满足要求的数据。对代码从上往下找，一直到代码的最后，把所有符合条件的数据都找出来，一起打包返回。

```
import requests
from bs4 import BeautifulSoup
url = 'http://www.baidu.com'
res = requests.get (url)
print(res.status_code)
soup = BeautifulSoup(res.text,'html.parser')
# 使用 find()/find_all()方法提取首个<input>元素，并放到变量 item 里
item = soup.find_all('input')
# 打印 item 的数据类型
<print(type(item))>
# 打印 item
print(item)
```

以上运行结果分别是采取 find()和 find_all()抓取 www.baidu.com 网站的内容，如图 8.14 所示。

```
PS C:\Users\wangr> & C:/Users/wangr/anaconda3/python.exe c:/python学习/coding/request_test1.py
200
<class 'bs4.element.Tag'>
<input name="bdorz_come" type="hidden" value="1"/>
PS C:\Users\wangr> & C:/Users/wangr/anaconda3/python.exe c:/python学习/coding/request_test1.py
200
<class 'bs4.element.ResultSet'>
[<input name="bdorz_come" type="hidden" value="1"/>, <input name="ie" type="hidden" value="utf-8"
<input name="rsv_bp" type="hidden" value="1"/>, <input name="rsv_idx" type="hidden" value="1"/>,
<input autocomplete="off" autofocus="" class="s_ipt" id="kw" maxlength="255" name="wd" value="/>
" value="ç¾åº¦ä¸ä¸,"/>]
```

图 8.14　使用 find()和 find_all()打印出的<input>标签的内容

<class 'bs4.element.Tag'>说明这是一个 Tag 类标签对象。

例 8.3：抓取重庆国际博览中心"展会信息"栏目中近期将要举行的展会信息，包括展会名称、展会日期和展会时间，如图 8.15 所示。

图 8.15　重庆国际博览中心"展会信息"界面

查看网页源代码,如图 8.16 所示。

```
<li class="flex-box coopera-box short-box-lit">
    <div class="coopera-left-1"><img src="/Public/Uploads/20210128105222583352.jpg" alt=""></div>
    <div class="coopera-center-1 ">
        <h4 >第二十六届中国华夏家博会</h4>
        <label >N5/N7/N8</label>
        <p>
                                        </p>
    </div>
    <div class="coopera-right-1 active">
        <h6>05-07</h6>
        <h5><span>2021-03</span></h5>
    </div>
    <b class="more-tb">MORE+</b>
</li>
</a><a href="/Home/Exhibition/detail/id/721.html">
<li class="flex-box coopera-box short-box-lit">
    <div class="coopera-left-1"><img src="/Public/Uploads/20210128150441458995.jpg" alt=""></div>
    <div class="coopera-center-1 ">
        <h4 >重庆美好生活展（2021春季）</h4>
        <label >N1/N2/N4</label>
        <p>
                                        </p>
    </div>
    <div class="coopera-right-1 active">
        <h6>20-21</h6>
        <h5><span>2021-03</span></h5>
    </div>
    <b class="more-tb">MORE+</b>
</li>
```

图 8.16　重庆国际博览中心"展会信息"网页源代码

抓取的数据结果如图 8.17 所示。

```
PS C:\Users\wangr> & C:/Users/wangr/anaconda3/python.exe c:/python学习/coding/request_test1.py
展会名称: 第二十六届中国华夏家博会
展会日期: 2021-03
展会时间:05-07
展会名称: 重庆美好生活展（2021春季）
展会日期: 2021-03
展会时间:20-21
展会名称: 首届重庆门博会暨重庆定制家居板材博览会
展会日期: 2021-03
展会时间:27-29
展会名称: 第十八届中国国际检验医学暨输血仪器试剂博览会/第一届中国国际IVD 上游原材料暨制造流通供应链博览会
```

图 8.17　抓取的展会信息数据示例

实现代码:

```
import requests
from bs4 import BeautifulSoup
res = requests.get('https://www.chongqingexpo.com/Home/exhibition/short.html')
html = res.text
#把网页内容解析为 BeautifulSoup 对象
soup = BeautifulSoup(html,'html.parser')
#通过定位标签和属性提取我们想要的数据
items = soup.find_all(class_ = 'flex-box coopera-box short-box-lit')
for item in items:
    #在列表中的每个元素里,匹配标签<h4>提取数据
    exhibition_name = item.find('h4')
    #在列表中的每个元素里,匹配标签<h6>提取数据
    duration = item.find('h6')
    #在列表中的每个元素里,匹配标签<span>提取数据
    date = item.find('span')

    #打印提取出的数据
    print('展会名称: %s\n展会日期: %s\n\
            展会时间:%s'%(exhibition_name.text,date.text,duration.text))
```

需用到的技术如下。

（1）Tag.find_all()方法的应用。

首先来看 Tag,Tag 对象的三种常用属性与方法如表 8.2 所示。

表 8.2　Tag 对象的三种常用属性与方法

属性/方法	作　用
Tag.find()、Tag.find_all()	提取 Tag 中的 Tag
Tag.text	提取 Tag 中的 text 信息
Tag['属性名']	输入参数：属性名,可以提取 Tag 中这个属性的值

如果将上述代码中的 find_all()函数修改为 find(),执行以下代码：

```
item = soup.find(class_ = 'flex - box coopera - box short - box - lit')
print(type(item))
print(item)
```

则输出的结果如图 8.18 所示。

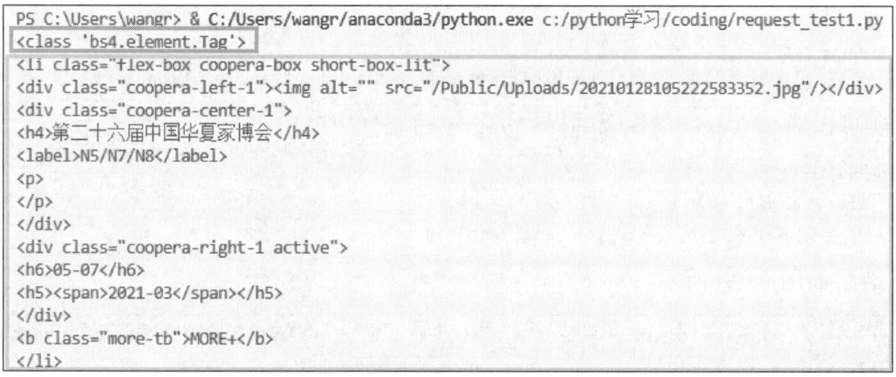

图 8.18　执行 find()操作显示的 item 类型及内容信息

由上可知,item 的类型为 Tag,紧接其后的打印输出为该 Tag 的内容。如果恢复为 find_all(),则打印输出的结果如图 8.19 所示。

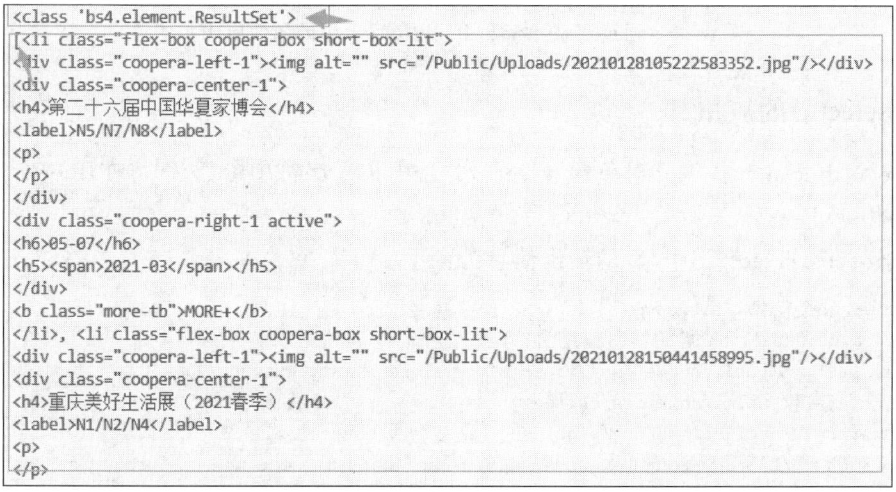

图 8.19　执行 find_all()操作显示的 item 类型及内容信息

图 8.19 结果显示,执行 find_all()操作返回的 item 类型不同于执行 find()操作返回的 Tag,而是 ResultSet 类型。

注意看这行代码：

```
items = soup.find_all(class_ = 'flex - box coopera - box short - box - lit')
```

 小贴士

python_BeautifulSoup 库的 find() 和 find_all() 函数中出现 class_,因为 class 是 Python 的保留关键字,若要匹配标签内 class 的属性,需要特殊的方法,有以下两种。

① attrs 属性用字典的方式进行参数传递。

② 采用 BeautifulSoup 自带的特别关键字 class_。

如:

```
# 第一种:attrs 属性用字典进行传递参数
find_class = soup.find(attrs = {'class':'item - 1'})
# 第二种:采用 BeautifulSoup 中的特别关键字参数 class_
beautifulsoup = soup.find(class_ = 'item - 1')
```

(2) Tag.text 用于获取 Tag 中的文本信息,如:

```
print('展会名称: % s\n 展会日期: \
        % s\n 展会时间: % s'% (exhibition_name.text, date.text, duration.text))
```

(3) 还可以通过 Tag['属性名'] 提取 tag 中的属性,如:

```
# 获取图片信息
img = item.find('img')
print('展会图片链接地址: % s\n'% (img['src']))
```

运行结果如图 8.20 所示。

展会名称: 第十八届中国国际检验医学暨输血仪器试剂博览会/第一届中国国际IVD 上游原材料暨制造流通供应链博览会
展会日期: 2021-03
展会时间:28-30
展会图片链接地址: /Public/Uploads/20201224160915500860.jpg

展会名称: 中国饲料工业展览会
展会日期: 2021-04
展会时间:18-20
展会图片链接地址: /Public/Uploads/20210128150115344964.jpg

图 8.20 通过 Tag['属性名'] 提取 Tag 中的属性应用示例

视频讲解

8.3.2 select() 的应用

在 BeautifulSoup 中 Tag 对象的 select() 方法中传入字符串参数,即可使用 CSS 选择器的语法找到相应 Tag。

如 print(bs.select('title')) 的输出信息为:

```
[<title>展会信息</title>];
```
print(bs.select('link')) 的输出信息为:
```
[< link href = "/Public/Home/css/swiper.min.css" rel = "stylesheet"/>,
< link href = "/Public/Home/css/currency.css" rel = "stylesheet"/>,
< link href = "/Public/Home/css/page.css" rel = "stylesheet"/>,
< link href = "/Library/font - awesome - 4.5.0/css/font - awesome.min.css" rel = "stylesheet"/>,
< link href = "/Public/Home/css/about.css" rel = "stylesheet"/>,
< link href = "/Public/Home/css/cooperation.css" rel = "stylesheet"/>]
```

以例 8.4 的实现过程来介绍 select() 如何使用。

例 8.4:抓取人民网(http://www.people.com.cn)网页中的一篇新闻内容。

先输入以下代码:

```
import requests
from bs4 import BeautifulSoup
res = requests.get('http://finance.people.com.cn/n1/2021/0820/c1004 - 32201286.html')
res.encoding = 'utf - 8'
bs = BeautifulSoup(res.text,'html.parser')
p = bs.select('title')
print(p)
```

这里的 select() 是直接根据节点的属性值来定位该节点,如果输出 p 的值,结果如图 8.21 所示。

[<title>�怡�t����s��������;������n���Y���������--���4��5�--������� </title>]

图 8.21　通过 select()获取的< title>标签并打印数据

可以发现,打印出的数据是一堆乱码。凡是中文显示出现乱码,一般都与字符编码的设置有关。通过右击,在弹出的快捷菜单中选择"查看网页源代码"选项,发现该网页"charset＝GB2312",故将上述代码中的编码信息'utf-8'修改为'GB2312',再运行代码,正确显示结果如图 8.22 所示。

[<title>五部门：减少对汽车数据的无序收集和违规滥用--经济·科技--人民网 </title>]

图 8.22　修改编码信息后正确显示的< title>信息

小贴士

可以用自动获取网页编码信息的方法,即通过调用 requests. get(url),返回的 res. apparent_encoding 即是该网页的中文字符编码信息,如图 8.23 所示。

```
res. apparent_encoding
'GB2312'
```

图 8.23　通过 res. apparent_encoding 获取网页中文字符编码

因此,只需 res. encoding ＝ res. apparent_encoding 即可。

可以通过 p＝bs. select('title')[0]. get_text()或 p＝bs. select('title')[0]. text 获取< title>标签的文本信息,如图 8.24 所示。

'五部门：减少对汽车数据的无序收集和违规滥用--经济·科技——人民网 '

图 8.24　通过 select('title')[0]. get_text()或 select('title')[0]. text 获取< title>标签文本

通过分析可发现,该网站新闻板块网页的标题都会携带如"经济·科技""人民网"等信息。另一条新闻标题"人口计生法完成修改 法律保障实施三孩生育及配套措施——社会·法治——人民网"也是如此。如何获取新闻标题的正文信息,去掉"经济·科技""人民网"等信息呢?

分析每一条新闻的标题正文,发现正文之后都是以"－"作为后续信息的连接符,因此标题正文只需要截取到该字符串的"－"位置即可,采用以下代码:

```
s[:s.index('－')]
```

接下来继续分析新闻正文部分,新闻正文部分的网页源代码如图 8.25 所示。

输入以下代码:

```
for data in bs. select('div > p[style = "text - indent: 2em;"]'):
    print(data.text)
```

输出结果如图 8.26 所示。

```
<div class="rm_txt_con cf">
    <div class="box_pic"></div>
        <p style="text-indent: 2em;">
    人民网北京8月20日电 （赵超）近日，国家互联网信息办公室、国家发展和改革委员会、工业和信息化部、公安部、交通运输部
<p style="text-indent: 2em;">
    随着新一代信息技术与汽车产业加速融合，智能汽车产业、车联网技术的快速发展，以自动辅助驾驶为代表的人工智能技术日益
<p style="text-indent: 2em;">
    《规定》倡导，<strong>汽车数据处理者在开展汽车数据处理活动中坚持"车内处理"、"默认不收集"、"精度范围适用"、
<p style="text-indent: 2em;">
    《规定》明确，汽车数据处理者应当履行个人信息保护责任，充分保护个人信息安全和合法权益。开展个人信息处理活动，汽车
<p style="text-indent: 2em;">
    《规定》强调，汽车数据处理者开展重要数据处理活动，应当遵守依法在境内存储的规定，加强重要数据安全保护；落实风险评
<p style="text-indent: 2em;">
    《规定》提出，国家有关部门依据各自职责做好汽车数据安全管理和保障工作，包括开展数据安全评估、数据出境事项抽查核验
<p style="text-indent: 2em;">
    国家互联网信息办公室有关负责人指出，汽车数据安全管理需要政府、汽车数据处理者、个人等多方主体共同参与。省级以上网
<p style="text-indent: 2em;">
    <strong>【相关链接】</strong></p>
<p style="text-indent: 2em;">
    <a href="http://finance.people.com.cn/n1/2021/0812/c1004-32190726.html" target="_blank">工信部：智能网联汽车运营
```

图 8.25　人民网新闻正文部分的网页源代码

　　人民网北京8月20日电 （赵超）近日，国家互联网信息办公室、国家发展和改革委员会、工业和信息化部、公安部、交通运输部联合发布《汽车数据安全管理若干规定（试行）》（以下简称《规定》），自2021年10月1日起施行。国家互联网信息办公室有关负责人表示，出台《规定》旨在规范汽车数据处理活动，保护个人、组织的合法权益，维护国家安全和社会公共利益，促进汽车数据合理开发利用。

　　随着新一代信息技术与汽车产业加速融合，智能汽车产业、车联网技术的快速发展，以自动辅助驾驶为代表的人工智能技术日益普及，汽车数据处理能力日益增强，暴露出的汽车数据安全问题和风险隐患日益突出。在汽车数据安全管理领域出台有针对性的规章制度，明确汽车数据处理者的责任和义务，规范汽车数据处理活动，是防范化解汽车数据安全风险、保障汽车数据依法合理有效利用的需要，也是维护国家安全利益、保护个人合法权益的需要。

　　《规定》倡导，汽车数据处理者在开展汽车数据处理活动中坚持"车内处理""默认不收集""精度范围适用""脱敏处理"等数据处理原则，减少对汽车数据的无序收集和违规滥用。

　　《规定》明确，汽车数据处理者应当履行个人信息保护责任，充分保护个人信息安全和合法权益。开展个人信息处理活动，汽车数据处理者应当通过显著方式告知个人相关信息，取得个人同意或者符合法律、行政法规规定的其他情形。处理敏感个人信息，汽车数据处理者还应当取得个人单独同意，满足限定处理目的、提示收集状态、终止收集等具体要求或者符合法律、行政法规和强制性国家标准等其他要求。汽车数据处理者具有增强行车安全的目的和充分的必要性，方可收集指纹、声纹、人脸、心律等生物识别特征信息。

　　《规定》强调，汽车数据处理者开展重要数据处理活动，应当遵守依法在境内存储的规定，加强重要数据安全保护；落实风险评估报告制度要求，积极防范数据安全风险，落实年度报告制度要求，按时主动报送年度汽车数据安全管理情况。因业务需要确需向境外提供重要数据的，汽车数据处理者应当落实数据出境安全评估制度要求，不得超出出境安全评估结论违规向境外提供重要数据，并在年度报告中补充报告相关情况。

　　《规定》提出，国家有关部门依据各自职责做好汽车数据安全管理和保障工作，包括开展数据安全评估、数据出境事项抽查核验、智能（网联）汽车网络平台建设等工作。对于违反本规定的汽车数据处理者，有关部门将依照《中华人民共和国网络安全法》、《中华人民共和国数据安全法》等法律、行政法规的规定进行处罚。

　　国家互联网信息办公室有关负责人指出，汽车数据安全管理需要政府、汽车数据处理者、个人等多方主体共同参与。省级以上网信、发展改革、工业和信息化、公安、交通运输等有关部门在汽车数据安全管理过程中，将加强协调和数据共享，形成工作合力。

【相关链接】

工信部：智能网联汽车运营数据应在境内存储

图 8.26　抓取的人民网新闻正文的新闻信息

小贴士

　　select()方法支持按标签名查找，如 bs.select('title')；还支持按属性名查找，如对于不同的<p>，有<p style="text-indent:2em;">，也有<p class="paper_num">。为了定位到指定的<p>，可以通过 p[style="text-indent:2em;"]'定位到指定的<p style="text-indent:2em;">。select()还支持子标签查找，如对于：

```
<div class="rm_txt_con cf">
    <div class="box_pic"></div>
    <p style="text-indent:2em;">
```

<p>是<div>的一个子标签，要定位到这里的<p>，可通过：

```
select('div>p[style="text-indent:2em;"]')
```

来实现。

　　现在需要将分段放在不同<p>标签中的新闻正文链接起来：

```
ps = bs.select('div>p[style="text-indent:2em;"]')
"".join(p.text for p in ps)
```

结果如图 8.27 所示。

'\n\t人民网北京8月20日电 （赵超）近日，国家互联网信息办公室、国家发展和改革委员会、工业和信息化部、公安部、交通运输部联合发布《汽车数据安全管理若干规定（试行）》（以下简称《规定》），自2021年10月1日起施行。国家互联网信息办公室有关负责人表示，出台《规定》旨在规范汽车数据处理活动，保护个人、组织的合法权益，维护国家安全和社会公共利益，促进汽车数据合理开发利用。\n\t随着新一代信息技术与汽车产业加速融合，智能汽车产业、车联网技术的快速发展，以自动辅助驾驶为代表的人工智能技术日益普及，汽车数据处理能力日益增强，暴露出的汽车数据安全问题和风险隐患日益突出。在汽车数据安全管理领域出台有针对性的规章制度，明确汽车数据处理者的责任和义务，规范汽车数据处理活动，是防范化解汽车数据安全风险、保障汽车数据依法合理有效利用的需要，也是维护国家安全利益、保护个人合法权益的需要。\n\t《规定》倡导，汽车数据处理者在开展汽车数据处理活动中坚持"车内处理""默认不收集""精度范围适用""脱敏处理"等数据处理原则，减少对汽车数据的无序收集和违规滥用。\n\t《规定》明确，汽车数据处理者应当履行个人信息保护责任，充分保护个人信息安全和合法权益。开展个人信息处理活动，汽车数据处理者应当通过显著方式告知个人相关信息，取得个人同意或者符合法律、行政法规规定的其他情形。处理敏感个人信息，汽车数据处理者还应当取得个人单独同意，满足限定处理目的和充分的必要性，方可收集指纹、声纹、人脸、心律等生物识别特征信息。\n\t《规定》强调，汽车数据处理者开展重要数据处理活动，应当遵守依法在境内存储的规定，加强重要数据安全保护；落实风险评估报告制度要求，积极防范数据安全风险；落实年度报告制度要求，按时主动报送年度汽车数据安全管理情况。因业务需要确需向境外提供重要数据的，汽车数据处理者应当落实数据出境安全评估制度要求，不得超出出境安全评估结论违规向境外提供重要数据，并在年度报告中补充报告相关内容。\n\t《规定》提出，国家有关部门依据各自职责做好汽车数据安全管理和保护工作，包括开展安全评估、数据处理者项目抽查核验、智能（网联）汽车平台建设等工作。对于违反本规定的汽车数据处理者，有关部门将依照《中华人民共和国网络安全法》《中华人民共和国数据安全法》等法律、行政法规的规定进行处罚。\n\t国家互联网信息办公室有关负责人指出，汽车数据安全管理需要政府、汽车数据处理者、个人等多方主体共同参与。省级以上网信、发展改革、工业和信息化、公安、交通运输等有关部门在汽车数据安全管理过程中，将加强协调和数据共享，形成工作合力。\n\n【相关链接】\n工信部：智能网联汽车运营数据应在境内存储'

图 8.27 通过 join() 函数将分段的新闻信息连接起来

最后还需要通过下列语句将文字中的 \n\t 等符号去掉：

```
news = "".join([p.text.replace("\n\t","") for p in ps])
news.replace("\n","")
```

 小贴士

join() 函数可以将不同的字符串以指定的符号进行链接，其用法为 str. join(sequence)，str 代表在这些字符串之中需要用什么字符串来连接，可以用逗号、空格、下画线等，这里用的是空串。

replace() 方法把字符串中的 old（旧字符串）替换成 new（新字符串），如果指定第三个参数 max，则替换不超过 max 次，其语法为 str. replace(old，new[，max])。

8.3.3 静态网页与动态网页

还是以人民网为例，在 Google 浏览器中输入 http://news. people. com. cn，然后在网页中右击，出现如图 8.28 所示的界面。

图 8.28 人民网滚动新闻栏目界面

在弹出的快捷菜单中选择"检查"选项,出现如图 8.29 所示的界面。

图 8.29 选择"检查"选项出现的界面

右击,在弹出的快捷菜单中选择"检查"选项,如果出现的是中文菜单,对应的中英文名称分别为 Element：元素、Console：控制台、Sources：源代码、Network：网络、Performance：性能、Memory：内存、Application：应用、Security：安全。

如果要切换中英文显示,单击图 8.29 右上角的"设置"图标(椭圆圈出的标记),在打开的窗口中单击 Language 下拉按钮,出现如图 8.30 所示的界面。

图 8.30 中英文切换界面

右击,在弹出的快捷菜单中选择"检查"→element 选项查找数据存放标签的规律,可以发现界面上所有的新闻标题都是< ul class＝"clearfix">< li>< a>标签里的文本内容,如图 8.31 所示。

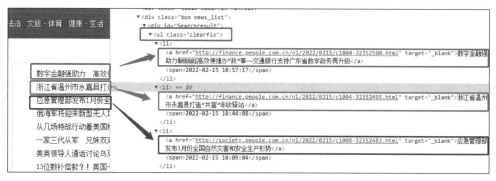

图 8.31　新闻标题存放位置

先输入以下代码：

```
import requests
from bs4 import BeautifulSoup

url = 'http://news.people.com.cn'
res = requests.get(url)
res.encoding = res.apparent_encoding
bs = BeautifulSoup(res.text, 'html.parser')

title = bs.select('ul > li > a')
for data in title:
        print(data.text)
```

输出结果如图 8.32 所示。

虽然图 8.32 所示的输出内容也符合 select('ul>li>a') 的筛选条件，但我们想要的新闻标题并没有出现。如果将筛选条件进一步精确，写成

```
title = bs.select('ul[class = "clearfix"] > li > a')
print(title)
```

输出结果为一个空列表，如图 8.33 所示。

设为首页
重要言论
人民记者遍神州
网站地图
每日排行
人民记者遍全球
同比增长超20% "双12"业务量再创…
坚持党的全面领导（深入学习贯彻党的十九…
坚定信心，坚定不移做好自己的事情
2021南京大屠杀存幸存者百人群像实录
讲好中国故事 传播好中国声音（坚持"两…
龙门石窟奉先寺50年来首次"大保养"　…
工作有着落　日子有奔头（这一年，我们获…
铭记苦难历史　汲取前行力量
张永霞当选天水市委书记
湖南发布省委管理干部任前公示公告

图 8.32　执行 select('ul>li>a') 输出的内容

```
import requests
from bs4 import BeautifulSoup

url='http://news.people.com.cn'
res=requests.get(url)
res.encoding = res.apparent_encoding
bs=BeautifulSoup(res.text,'html.parser')

title=bs.select('ul[class="clearfix"]>li>a')
print(title)

[]
```

图 8.33　执行 select('ul[class = "clearfix"]>li>a') 输出的结果为空列表

这是为什么呢？

可以先分别打印一下网页源代码和网页访问状态码来查看抓取的内容与状态，执行 print(res.status_code)，可以发现网页返回状态码是 200，说明访问网页成功了，不过并没有抓取到想要的内容。出现这种情况，往往说明网页本身是动态网页，需要的数据不在初始的HTML 中。

也可以直接在浏览器中看出该网页是否是动态的，依次单击 Network→Fetch/XHR→

index.js?_=1644898208224→Preview,展开小三角▼,得到如图 8.34 所示的内容。如果 Preview 和网页上看到的内容一致,那么就是静态网页;反之,则是动态网页。

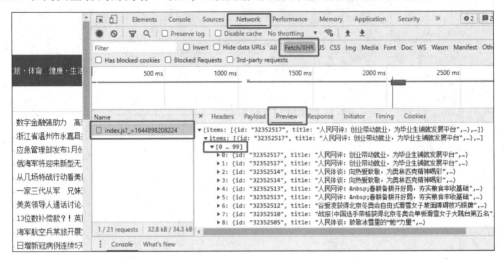

图 8.34 通过 Preview 查看动态网页内容

对于静态网页,直接抓取当前浏览器上显示的网页就可以了;而对于动态网页,处理则需分四步走:右击,在弹出的快捷菜单中选择"检查"→Network→Fetch/XHR 选项,然后刷新界面,查找要抓取的数据存放在哪个 XHR 文件中。逐个打开 XHR 文件,通过查看它们的 Preview 来确定数据所在的 XHR 位置,如图 8.35 所示。

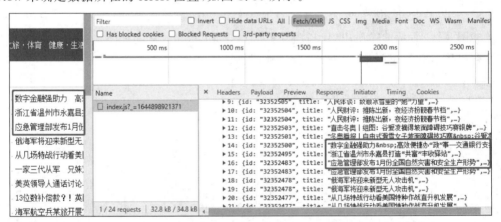

图 8.35 查找新闻标题所在的位置

通过这种方式可以方便地找到每一条新闻对应的标题及链接地址 URL,如图 8.36 所示。

```
▼14: {id: "32352500", title: "数字金融强助力 高效便捷办"政"事—交通银行支持广东省数字政务再升级
      date: "2022-02-15 10:57:17"
      id: "32352500"
      imgCount: "0"
      nodeId: "1004"
      title: "数字金融强助力 高效便捷办"政"事—交通银行支持广东省数字政务再升级"
      url: "http://finance.people.com.cn/n1/2022/0215/c1004-32352500.html"
```

图 8.36 查找新闻对应的标题及链接地址 URL

接下来的问题是,设置该页面的访问链接地址(也就是语句 res＝requests.get(url)中的 url 参数)。

小贴士

在 Network 中可对请求进行分类查看,如表 8.3 所示。

表 8.3　Network 中的请求

请　　求	说　　明
ALL	查看全部
XHR	一种不借助刷新网页即可传输数据的对象
Doc	Document,第 0 个请求一般在这里
Img	仅查看图片
Media	仅查看媒体文件
Other	其他
JS 和 CSS	前端代码,负责发起请求和页面实现
Font	字体

在 Network 中,有一类非常重要的请求叫作 XHR,当把鼠标指针悬停在 XHR 上时就可以看到它的完整表述是 XHR and Fetch。

平时使用浏览器上网时,经常有这样的情况:浏览器上方,它所访问的网址没变,但是网页里却新加了内容。如在果壳网中单击"加载更多"超链接后,更多的帖子内容会在前端页面中显示出来,但地址栏中的 URL 却不会变化。这个叫作 Ajax 技术——更新网页内容,而不用重新加载整个网页。

如今比较新潮的网站都在使用这种技术来实现数据传输。只剩下一些特别老或是特别轻量的网站,还在用老办法——必须要跳转一个新网址才能加载新的内容。

这种技术在工作时,会创建一个 XHR(或是 Fetch)对象,然后利用 XHR 对象来实现服务器和浏览器之间的数据传输。

8.3.4　带参数的 URL 请求

抓取的网址在 Headers 中 General 标题下的 Request URL 中,其中的 URL 在?之前,也就是我们抓取的网址。?之后的是参数 params,params 是一种访问网页所带的参数,这种参数的结构和字典很像,有键有值,键值用＝连接;每组键值之间使用 & 连接,如图 8.37所示。

图 8.37　Request URL 中存放要抓取数据的网址

先看以下代码：

```python
import requests
url = " http://news.people.com.cn/210801/211150/index.js"

# 封装 params 变量
params = {
    _: 1644900039175
}

# 发送请求,并把响应内容赋值到变量 res 里面
res = requests.get(url, params = params)

# 定位数据
articles = res.json()
data = articles['items']

# 遍历 data 列表,提取出里面的新闻标题与链接
for i in data:
    list1 = [i['title'], i['url']]
    print(list1)
```

代码中的 items、title、url 所在的位置如图 8.38 所示。

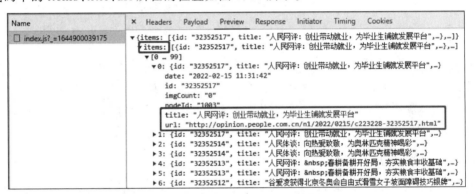

图 8.38　Preview 中网页新闻标题的数据存放构成

以上代码的运行结果如图 8.39 所示。

```
['人民网评：创业带动就业,为毕业生铺就发展平台', 'http://opinion.people.com.cn/n1/2022/0215/c223228-32352517.html']
['人民网评：创业带动就业,为毕业生铺就发展平台', 'http://opinion.people.com.cn/n1/2022/0215/c223228-32352517.html']
['人民体谈：向热爱致敬,为奥林匹克精神喝彩', 'http://opinion.people.com.cn/n1/2022/0215/c437949-32352514.html']
['人民体谈：向热爱致敬,为奥林匹克精神喝彩', 'http://opinion.people.com.cn/n1/2022/0215/c437949-32352514.html']
['人民网评： 春耕备耕开好局,夯实粮食丰收基础', 'http://opinion.people.com.cn/n1/2022/0215/c223228-32352513.h
['人民网评： 春耕备耕开好局,夯实粮食丰收基础', 'http://opinion.people.com.cn/n1/2022/0215/c223228-32352513.html']
['谷爱凌获得北京冬奥会自由式滑雪女子坡面障碍技巧银牌', 'http://ent.people.com.cn/n1/2022/0215/c1012-32352512.html']
['战报|中国选手荣格获得北京冬奥会单板滑雪女子大跳台第五名', 'http://ent.people.com.cn/n1/2022/0215/c1012-32352510.
['人民体谈：致敬冰雪里的"她"力量', 'http://opinion.people.com.cn/n1/2022/0215/c437949-32352505.html']
['人民体谈：致敬冰雪里的"她"力量', 'http://opinion.people.com.cn/n1/2022/0215/c437949-32352505.html']
['人民财评：推陈出新,夜经济扮靓春节档', 'http://opinion.people.com.cn/n1/2022/0215/c1003-32352504.html']
['人民财评：推陈出新,夜经济扮靓春节档', 'http://opinion.people.com.cn/n1/2022/0215/c1003-32352504.html']
['直击冬奥|组图：谷爱凌摘得坡面障碍技巧银牌', 'http://ent.people.com.cn/n1/2022/0215/c1012-32352503.html']
['冬奥揭秘|自由式滑雪女子坡面障碍技巧赛 谷爱凌摘银', 'http://ent.people.com.cn/n1/2022/0215/c1012-32352501.h
['数字金融强助力 高效便捷办"政"事一交通银行支持广东省数字政务再升级', 'http://finance.people.com.cn/n1/20
500.html']
['浙江省温州市永嘉县打造"共富"丰收驿站', 'http://finance.people.com.cn/n1/2022/0215/c1004-32352495.html']
['应急管理部发布1月份全国自然灾害和安全生产形势', 'http://society.people.com.cn/n1/2022/0215/c1008-32352483.html']
['应急管理部发布1月份全国自然灾害和安全生产形势', 'http://society.people.com.cn/n1/2022/0215/c1008-32352483.html']
```

图 8.39　抓取的网页新闻的 title 和 url 信息

小贴士

上述代码在 Jupyter 中编译能通过,但在 Visual Studio 中会提示 params 中的"_：1644900039175"

编译错误——nameError: name '_' is not defined。此时需要将上述代码修改为：

```
url = " http://news.people.com.cn/210801/211150/index.js ?_ = 1644900039175"
res = requests.get(url)
```

并删除 params = { _:1644900039175}。

8.3.5 JSON 数据的解析

总体上来说，从通过执行 res=requests.get(url)语句获取到 Response 对象开始，数据抓取分成了两条路径：一条路径是针对静态网页，数据放在 HTML 中，采用 BeautifulSoup 库去解析数据和提取数据，如执行 BeautifulSoup(res.text,'html.parser')；另一条路径是针对动态网页，数据作为 JSON 格式存储起来，采用 response.json()方法去解析，然后提取、存储数据。实际应用中，需要根据具体的情况来确定应该选择哪一条路径。

小贴士

JSON 是一种组织数据的格式，和 Python 中的列表/字典非常相像。它和 HTML 一样，常用来进行网络数据传输。

XHR 中查看到的列表/字典，严格来说不是列表/字典，而是 json 格式的数据。

JSON 和 XHR 之间的关系：XHR 用于传输数据，它能传输很多种数据，JSON 是被传输的一种数据格式。

JSON(JavaScript Object Notation)指的是 JavaScript 对象表示法，它是一种轻量级的文本数据交换格式，对于 AJAX 应用程序来说，JSON 比 XML 更快且更易使用。

如上例中的数据表示为 JSON 格式即为：

```
{
    date: "2022 - 02 - 15 11:31:42"
    id: "32352517"
    imgCount: "0"
    nodeId: "1003"
    title: "人民网评：创业带动就业，为毕业生铺就发展平台"
    url: "http://opinion.people.com.cn/n1/2022/0215/c223228 - 32352517.html"
}
```

response.json()的作用是将请求的返回值转换为 JSON 格式（如果结果不是以 JSON 格式编写的，则返回错误）。前述代码执行 article=res.json()，并执行 print(article)的结果如图 8.40 所示。


```
{'items': [{'id': '32352565', 'title': '冬奥播报丨“翊”飞冲天 苏翊鸣获单板滑雪男子大跳台冠军', 'url': 'http://ent.people.com.c
n/n1/2022/0215/c1012-32352565.html', 'date': '2022-02-15 14:26:32', 'nodeId': '1012', 'imgCount': '1'}, {'id': '32352555', 'title':
'《中墨建交五十周年》纪念邮票一套2枚发布', 'url': 'http://ent.people.com.cn/n1/2022/0215/c1012-32352555.html', 'date': '2022-02-15 1
4:01:25', 'nodeId': '1012', 'imgCount': '3'}, {'id': '32352549', 'title': '“回家团圆”！亮相春晚的三星堆青铜大面具在元宵节首次正式展
出', 'url': 'http://ent.people.com.cn/n1/2022/0215/c1012-32352549.html', 'date': '2022-02-15 13:51:42', 'nodeId': '1012', 'imgCount':
'6'}, {'id': '32352548', 'title': '庆元宵 赏冬奥会里的“中式美学”', 'url': 'http://ent.people.com.cn/n1/2022/0215/c1012-3235254
8.html', 'date': '2022-02-15 13:50:51', 'nodeId': '1013', 'imgCount': '0'}, {'id': '32352548', 'title': '庆元宵 赏冬奥会里的“中
式美学”', 'url': 'http://ent.people.com.cn/n1/2022/0215/c1012-32352548.html', 'date': '2022-02-15 13:50:51', 'nodeId': '1012', 'imgC
ount': '0'}, {'id': '32352547', 'title': '中消协发布春节消费舆情报告 “电影票价贵”引发消费者吐槽', 'url': 'http://finance.peopl
e.com.cn/n1/2022/0215/c1004-32352547.html', 'date': '2022-02-15 13:50:34', 'nodeId': '70846', 'imgCount': '0'}, {'id': '32352547', 't
itle': '中消协发布春节消费舆情报告 “电影票价贵”引发消费者吐槽', 'url': 'http://finance.people.com.cn/n1/2022/0215/c1004-323525
47.html', 'date': '2022-02-15 13:50:34', 'nodeId': '1004', 'imgCount': '0'}, {'id': '32352546', 'title': '完善政策措施和监管机制&nbs
p;加快推进全国统一大市场建设', 'url': 'http://finance.people.com.cn/n1/2022/0215/c1004-32352546.html', 'date': '2022-02-15 13:50:27',
'nodeId': '70846', 'imgCount': '0'}, {'id': '32352546', 'title': '完善政策措施和监管机制 加快推进全国统一大市场建设', 'url': 'ht
tp://finance.people.com.cn/n1/2022/0215/c1004-32352546.html', 'date': '2022-02-15 13:50:27', 'nodeId': '1004', 'imgCount': '0'}, {'i
d': '32352543', 'title': '直击冬奥丨坡面障碍技巧摘银 谷爱凌：目标是三项比赛都站上领奖台', 'url': 'http://ent.people.com.cn/n1/20
22/0215/c1012-32352543.html', 'date': '2022-02-15 13:47:13', 'nodeId': '1012', 'imgCount': '1'}, {'id': '32352542', 'title': '美国一
架小型飞机失事1人遇难7人失踪', 'url': 'http://world.people.com.cn/n1/2022/0215/c1002-32352542.html', 'date': '2022-02-15 13:46:58',
'nodeId': '157278', 'imgCount': '0'}, {'id': '32352542', 'title': '美国一架小型飞机失事1人遇难7人失踪', 'url': 'http://world.people.c
```


图 8.40 JSON 格式的数据组织

例 8.5：抓取人民网(http://www.people.com.cn)网页中的新闻内容并存储到本地。
参考代码如下：

```python
import requests

def savepage(pagetext,filename):
    f = open(filename,"wb")
    f.write(pagetext.encode("GB18030"))
    f.close()

url = "http://news.people.com.cn/210801/211150/index.js"
params = {
    _:1644900039175
}

res = requests.get(url,params = params)
articles = res.json()
data = articles['items']

for i in data[0:50]:
    u = i['url']
    print(u)
    res = requests.get(u)
    res.encoding = res.apparent_encoding
    filename = u[u.rindex("/") + 1:]
    print(filename)
    savepage(res.text,filename)
```

这里定义了一个函数 savepage(pagetext,filename)，用于将文件内容 pagetext 存入名为 filename 的文件中。通过查看新闻网页的源代码，其 charset 的值为 GB2312，但在 f.write (pagetext.encode("GB18030"))语句中 encode() 函数却不能置为 GB2312(会提示错误信息——UnicodeEncodeError：'gb2312' codec can't encode character '\ufffd' in position 18880：illegal multibyte sequence)，需要将其修改为 GB18030 才可通过。data[0:50]用于访问数据的前 50 项。

小贴士

rindex() 返回子字符串 str 在字符串中最后出现的位置，其语法为：

str1.rindex(str2, beg = 0 end = len(string))

其中，str1 为源字符串；str2 为要查找的子符号串；beg 为开始查找的位置，默认为 0；end 为结束查找的位置，默认为字符串的长度。

该例中每一条新闻的 URL 地址都形如：

http://ent.people.com.cn/n1/2022/0215/c1012 - 32352568.html

u[u.rindex("/")+1:]是用于提取的文件名，这里为 c1012-32352568.html。

在 Jupyter 中运行，输出结果如图 8.41 所示。

计算机资源管理器中已成功写入了文件，如图 8.42 所示。

打开其中任意一个文件，均可正常显示，程序编写成功，如图 8.43 所示。

```
http://ent.people.com.cn/n1/2022/0215/c1012-32352568.html
c1012-32352568.html
http://ent.people.com.cn/n1/2022/0215/c1012-32352565.html
c1012-32352565.html
http://finance.people.com.cn/n1/2022/0215/c1004-32352564.html
c1004-32352564.html
http://finance.people.com.cn/n1/2022/0215/c1004-32352560.html
c1004-32352560.html
http://finance.people.com.cn/n1/2022/0215/c1004-32352560.html
c1004-32352560.html
http://ent.people.com.cn/n1/2022/0215/c1012-32352555.html
c1012-32352555.html
http://ent.people.com.cn/n1/2022/0215/c1012-32352549.html
c1012-32352549.html
http://ent.people.com.cn/n1/2022/0215/c1012-32352548.html
c1012-32352548.html
http://ent.people.com.cn/n1/2022/0215/c1012-32352548.html
c1012-32352548.html
http://finance.people.com.cn/n1/2022/0215/c1004-32352547.html
c1004-32352547.html
http://finance.people.com.cn/n1/2022/0215/c1004-32352547.html
c1004-32352547.html
http://finance.people.com.cn/n1/2022/0215/c1004-32352546.html
c1004-32352546.html
```

图 8.41 获取到的新闻链接地址及文件名称

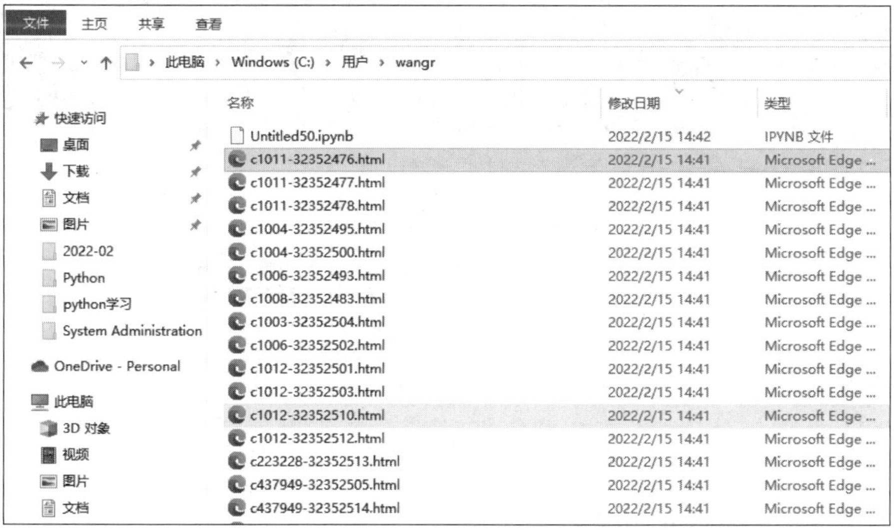

图 8.42 成功写入本地硬盘的新闻文件

图 8.43 成功打开的存储在本地的新闻信息

8.4 反反爬虫技术

例 8.6：马蜂窝旅游网站景区游客评论信息的抓取。

例如要在马蜂窝网站上搜索"兵马俑"，会看到如图 8.44 所示的界面，链接地址为 https://www.mafengwo.cn/poi/2724.html。

图 8.44　马蜂窝网站中的"秦始皇帝陵博物院"首页

该网站景点的游客评论内容都可通过"检查"→Element 找到，如图 8.45 所示。

图 8.45　"秦始皇帝陵博物院"景点网站的游客评论信息

但当输入以下代码：

```
import requests
from bs4 import BeautifulSoup

url = 'https://www.mafengwo.cn/poi/2724.html'
res = requests.get(url)
res.encoding = res.apparent_encoding
```

```
print(res. text)
print(res. status_code)
```

返回的却是图 8.46 中的结果，status_code=521，而非 200，说明该网站采用了反爬虫机制，因此需要引入反反爬虫技术。

```
<script>document.cookie=('_')+('_')+('j')+('s')+('l')+('_')+('c')+('l')+('e')+('a')+('r')+('a')+('n')+('c')+('e')+('_')+('s')+
('=')+(-~[]+'')+(3+3+'')+((1<<1)+'')+(3+6+'')+(-~(8)+'')+((2<<1)+'')+(4+4+'')+(7+'')+((([2]+0)>2)+'')+((1|2)+'')+('.')+((+true)
+'')+(-~1+'')+((+true)+'')+('|')+('-')+(-~[]+'')+('|')+('V')+('m')+('%')+((1<<1)+'')+('F')+('C')+('m')+('X')+('z')+('B')+('b')
+('e')+('B')+((+true)+'')+('c')+('x')+('i')+('D')+(+!+[]+'')+('z')+('%')+(+!+[]*2+'')+('B')+('s')+('i')+('I')+('q')+('r')+
('p')+('X')+('c')+('%')+((2^1)+'')+('D')+(':')+('m')+('a')+('x')+('-')+('a')+('g')+('e')+('=')+(1+2+'')+(6+'')+((+false)+'')+
((+false)+'')+(':')+('p')+('a')+('t')+('h')+('=')+('/');location. href=location. pathname+location. search</script>
521
```

图 8.46 状态码 status_code 返回结果为 521 而非 200

输入以下代码（代码来源于 https://blog. csdn. net/qq_45373920/article/details/104037607）：

```
import re
import time
import requests
# 评论内容所在的 URL,?后面是 GET 请求需要的参数内容
comment_url = 'http://pagelet. mafengwo. cn/poi/pagelet/poiCommentListApi?'

requests_headers = {
  'Referer': 'http://www. mafengwo. cn/poi/2724. html',
  'User - Agent': 'Mozilla/5. 0 (Windows NT 10. 0; Win64; x64) AppleWebKit/537. 36 (KHTML, like Gecko) Chrome/92. 0. 4515. 159 Safari/537. 36'
} # 请求头

for num in range(1,6):
    requests_data = {
    'params': '{"poi_id":"2724","page":" % d","just_comment":1}' % (num)
    # 经过测试只需要用 params 参数就能抓取内容
    }
    response = requests. get(url = comment_url, headers = requests_headers, params = requests_data)
    if response. status_code == 200:
        page = response. content. decode('unicode - escape', 'ignore'). encode('utf - 8', 'ignore'). decode('utf - 8') # 抓取页面并且解码
        page = page. replace('\\/', '/') # 将\/转换为/
        # 日期列表
        date_pattern = r'<a class = "btn - comment _j_comment" title = "添加评论">评论</a>. * ?\n. * ?< span class = "time">(. * ?)</span>'
        date_list = re. compile(date_pattern). findall(page)
        # 星级列表
        star_pattern = r'< span class = "s - star s - star(\d)"></span>'
        star_list = re. compile(star_pattern). findall(page)
        # 评论列表
        comment_pattern = r'< p class = "rev - txt">([\s\S] * ?)</p>'
        comment_list = re. compile(comment_pattern). findall(page)
        for num in range(0, len(date_list)):
            # 日期
            date = date_list[num]
            # 星级评分
            star = star_list[num]
            # 评论内容,处理一些标签和符号
            comment = comment_list[num]
            comment = str(comment). replace(' ', '')
            comment = comment. replace('< br>', '')
            comment = comment. replace('< br />', '')
```

```
        print(date + "\t" + star + "\t" + comment)
    else:
        print("抓取失败")
```

运行结果如图 8.47 所示。

图 8.47　抓取的马蜂窝网站景点游客评论信息

在该例代码中,为躲避反爬机制,通过

'User - Agent': 'Mozilla/5.0 (Windows NT 10.0; Win64; x64) AppleWebKit/537.36 (KHTML, like Gecko) Chrome/92.0.4515.159 Safari/537.36'

伪装成浏览器的请求头来模拟浏览器请求,规避反爬虫。

小贴士

网站一般会从三个方面实施反爬虫策略:

(1) 用户请求的 Headers;

(2) 用户行为;

(3) 网站目录和数据加载方式。

其中,从用户请求的 Headers 反爬虫是最常见的反爬虫策略,很多网站都会对 Headers 的 User-Agent 进行检测,还有一部分网站会对 Referer 进行检测。如果遇到了这类反爬虫机制,可以直接在爬虫中添加 Headers,将浏览器的 User-Agent 复制到爬虫的 Headers 中;或者将 Referer 值修改为目标网站域名。对于检测 Headers 的反爬虫,在爬虫中修改或者添加 Headers 就能很好地绕过。

还有一部分网站是通过检测用户行为,例如同一 IP 短时间内多次访问同一页面,或者同一账户短时间内多次进行相同操作。

8.5　携程网站酒店评论信息的抓取

数据的请求方法分 GET 和 POST 两种,GET 一般用于向服务器请求获取数据,请求参数存放在 URL 中,并在地址栏可见,前面几个例子中数据的请求方法均为 GET,如图 8.48 所示。

Name	×	Headers	Payload	Preview	Response	Initiator	Timing	Cookies
☐ index.js?_=1644900039175	▼ General							
	Request URL: http://news.people.com.cn/210801/211150/index.js?_=1644900039175							
	Request Method: GET							
	Status Code: ● 200 OK							
	Remote Address: 113.250.56.27:80							
	Referrer Policy: strict-origin-when-cross-origin							

图 8.48　以 GET 方法传递数据请求

POST 是向服务器提交数据,数据放置在容器(HTML HEADER)内且不可见;GET 提交的数据最多只能有 1024 字节,而 POST 则没有此限制。

例 8.7:抓取携程网站上重庆美利亚酒店的客户评价信息。

访问以下网址,就可跳转到重庆美利亚酒店的客户评价信息列表:

https://hotels.ctrip.com/hotels/detail/?hotelId = 72917940&checkIn = 2022 - 02 - 17&checkOut = 2022 - 02 - 18&cityId = 4&minprice = &mincurr = &adult = 1&children = 0&ages = &crn = 1&curr = &fgt = &stand = &stdcode = &hpaopts = &mproom = &ouid = &shoppingid = &roomkey = &highprice = - 1&lowprice = 0&showtotalamt = &hotelUniqueKey =

从图 8.49 中可以看出,这里的 Request Method 为 POST,即是向服务器提交数据。POST 方法携带的参数列表如图 8.50 所示。

图 8.49 以 POST 方法传递数据请求

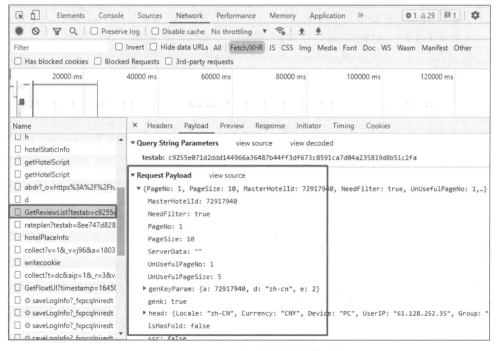

图 8.50 POST 方法携带的参数列表

参考代码如下：

```python
import requests
import json
import openpyxl

url = 'https://m.ctrip.com/restapi/soa2/21881/json/GetReviewList'
wb = openpyxl.Workbook()
sheet = wb.active
sheet.title = '重庆美利亚酒店'

payload = {"PageNo": 1,
           "PageSize": 10,
           "MasterHotelId": 72917940,
           "NeedFilter": "true",
           "UnUsefulPageNo": 1,
           "UnUsefulPageSize": 5,
           "head":{'Locale': 'zh-CN','Currency': "CNY"}}
params = {
testab':'c17b8e46a888a56beb6202c196a87cd7d4df5f6bbe08f328bd645a5f6c99c0da'
}

#封装成为 JSON 形式,以 post()方法指定携带参数发送 URL 请求
headers1 = {'User-Agent': 'Mozilla/5.0 (Windows NT 10.0; Win64; x64) AppleWebKit/537.36 (KHTML,
like Gecko) Chrome/98.0.4758.82 Safari/537.36',
          #此处补充完整 Cookie
          'Cookie':'_RGUID = 5893c5ec-b764-43f5-80c0-3b3ededc14b9;
_RDG = 2837d3703943a129d010bcdb89c73bda9e; _RSG = rF4PtoUnJY5vI1tUxpE038; _ga = GA1.
2.1352261441.1629703211; _abtest_userid = d141b12b-060c-48c9-9b95-6ee49ca792b0; login_
type = 0; UUID = BAB4F70DE7CB4CFD96B1EC21E7766C5A; nfes_isSupportWebP = 1; MKT_CKID =
1629703458091.khyf8.8nk7; _gcl_au = 1.1.846058774.1640354260; _bfaStatusPVSend = 1; GUID =
09031170116845893252; ibulanguage = CN; ibulocale = zh_cn; cookiePricesDisplayed = CNY; _gid =
GA1.2.877615807.1644907824; _RF1 = 61.128.252.35; MKT_Pagesource = PC; MKT_CKID_LMT =
1644998538610; HotelCityID = 4split%E9%87%8D%E5%BA%86splitChongqingsplit2022-02-
18split2022-02-19split0; Union = OUID = &AllianceID = 66672&SID = 1693366&SourceID = &AppID =
&OpenID = &exmktID = &createtime = 1645063766&Expires = 1645668565655; Session = SmartLinkCode =
c-ctrip&SmartLinkKeyWord = &SmartLinkQuary = _UTF.&SmartLinkHost = pages.c-ctrip.
com&SmartLinkLanguage = zh; login_uid = BDE80162BF0396DBCEF6637B9F94E2AF; cticket =
9762E0013A8599D45AF954FC267904136E0601BA0850F981CD266CFA4AA7B697; AHeadUserInfo = VipGrade =
0&VipGradeName = %C6%D5%CD%A8%BB%E1%D4%B1&UserName = &NoReadMessageCount = 0; DUID = u
= BDE80162BF0396DBCEF6637B9F94E2AF&v = 0; IsNonUser = F; IsPersonalizedLogin = T; intl_ht1 = h4
= 4_72917940, 4_435659, 4_2301172, 4_41645380, 4_759164, 4_733547; _uetsid =
c18baf808efe11ecb71059586253fb42; _uetvid = 9eda65e003e211ec933215a252e8e072; _bfi = p1%
3D102003%26p2%3D102002%26v1%3D91%26v2%3D90; _jzqco = %7C%7C%7C%7C1644998538787%
7C1.822783079.1629703458089.1645080463562.1645080468002.1645080463562.1645080468002.
undefined.0.0.74.74; __zpspc = 9.14.1645080408.1645080468.4%232%7Cwww.baidu.com%7C%7C%
7C%7C%23; appFloatCnt = 3; librauuid = qFfSuakG96nlVhdn; _bfs = 1.7; _bfaStatus = send; _bfa =
1.1629703207831.2u8bgf.1.1645063765493.1645080405321.14.92.236',
          'origin':'https://hotels.ctrip.com',
          'p': '36245467912',
          'content-type':'application/json'
          }
```

```
res = requests.post(url, data = json.dumps(payload), headers = headers1, params = params)

data = res.content.decode('utf - 8')
reviews = json.loads(data)
print(reviews)
rlist = reviews['Response']['ReviewList']

for r in rlist:
    sheet.append([
    r['userProfile']['userName'], \
    r['reviewDetails']['reviewScore']['scoreDescription'], \
    r['reviewDetails']['reviewContent'], \
    r['reviewDetails']['releaseDate']
    ])

wb.save('melia.xlsx')
```

该段代码中 print(reviews)的输出结果如图8.51所示。

['ResponseStatus': {'Timestamp': '/Date(1645080764119+0800)/', 'Ack': 'Success', 'Errors': [], 'Extension': [{'Id': 'CLOGGING_TRACE_ID', 'Value': '4330757256674053827'}, {'Id': 'RootMessageId', 'Value': '100025527-0a3c486d-456966-8008412'}]}, 'Response': {'ReviewBaseInfo': {'categoryScore': [{'scoreName': '环境', 'itemScore': '4.9'}, {'scoreName': '卫生', 'itemScore': '4.8'}, {'scoreName': '服务', 'itemScore': '4.8'}, {'scoreName': '设施', 'itemScore': '4.8'}], 'recommendPercent': '99%推荐度', 'score': '4.8', 'totalReviews': 597, 'scoreMax': 5, 'totalReviewsTA': 0, 'scoreDesc': '棒', 'allTotalReviews': 597, 'ctripTotalReviews': 597, 'ctripTotalReviewsForPage': 469, 'totalUnusefulReviewsForPage': 0}, 'ReviewList': [{'userProfile': {'avatarUrl': '//dimg04.c-ctrip.com/images/0Z803120008qu3x22D54F_R_100_100_R5_Q70_D.jpg', 'userName': 'FRANKIE*STA', 'reviewedCount': 6}, 'reviewDetails': {'reviewScore': {'score': '4.2', 'scoreMax': '5', 'scoreDescription': ''}, 'reviewContent': '这次给美丽亚做总结有很多好的体验也是槽点也有不少 从服务开始说起酒店有提前联系到我 在电话里有说过可以加微信安排行程或者入住期间方便联系 可是这个微信直到我退房都没看到申请 环境非常优美 酒店坐落在景区附近附近套设施也一应俱全 酒店自己宣传的活动体验之七十都是需要额外付费的比如说卡丁车和环湖骑行 游戏厅非常小可以称为工作室 酒店装修风格非常喜欢 酒店占地面积太大在会议室那边的服务台没有服务人员 导致我们根本找不到娱乐中心 这次入住了两个不同的房间一个湖景一个园景园景明显感觉有异味新装修的酒店虽然可以理解 但是湖景房的额外重我也不理解 酒店备品是美丽亚自己的品牌味道一言难尽 但是酒店细心的准备了儿童洗护用品和戴森吹风机 整体体验还算不错 希望酒店后期会针对上面的问题进行整改。', 'releaseDate': '2022-02-15', 'travelType': '家庭亲子', 'roomType': '美利亚豪大床房', 'checkInDate': '2022-02-14', 'reviewUpdateImages': ['//dimg04.c-ctrip.com/images/02036120009bdvnes3691_R_150_150_R5_Q70_D.jpg', '//dimg04.c-ctrip.com/images/02022120009bdsycm5D02_R_150_150_R5_Q70_D.jpg', '//dimg04.c-ctrip.com/images/0203212000bdt8ppD03A_R_150_150_R5_Q70_D.jpg', '//dimg04.c-ctrip.com/images/0201i120009bdtzbr1574_R_150_150_R5_Q70_D.jpg', '//dimg04.c-ctrip.com/images/0200k120009bdsq8nABBA_R_150_150_R5_Q70_D.jpg', '//dimg04.c-ctrip.com/images/0203z120009bdwqg6C7F3_R_150_150_R5_Q70_D.jpg', '//dimg04.c-ctrip.com/images/0205h120009bduker6F25_R_150_150_R5_Q70_D.jpg', '//dimg04.c-ctrip.com/images/0203w120009bdxau1038E_R_150_150_R5_Q70_D.jpg'], 'feedbackList': [{'reviewId': '575316443', 'type': 3, 'createDate': '2022-02-15', 'content': '尊敬的宾客，感

图8.51 通过 print(reviews)输出的游客评论信息

在网页空白处右击,在弹出的快捷菜单中选择"检查"选项,弹出开发者工具界面,单击
Fetch/XHR 选项,勾选左边 Name 栏中的 GetViewList 复选框,单击右边的 Preview 标签,依
次用鼠标展开 Response→ResponseList→reviewDetails、userProfile,就可看到用户发表评论
的相关信息,如图8.52所示。

图8.52 用户评论信息存放位置

打开生成的 melia.xlsx 文件查看,通过运行上述代码已成功将用户评论信息写入 Excel
文件中,如图8.53所示。

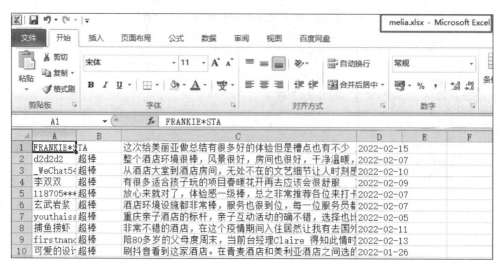

图 8.53　Excel 中的游客评论信息

小贴士

上例程序用到 json 模块的两个方法：json. dumps()和 json. loads()，它们都是 JSON 格式处理函数，主要用来读写 JSON 文件。

json. dumps()函数是将一个 Python 数据类型列表进行 JSON 格式的编码(可以这么理解，json. dumps()函数是将字典转换为字符串)。

json. loads()函数是将 JSON 格式的数据转换为字典(可以这么理解，json. loads()函数是将字符串转换为字典)

这里通过例子来介绍这两个方法的应用。

(1) json. dumps()函数的使用，将字典转换为字符串。

```
import json
dict1 = {"age": "12"}
json_info = json.dumps(dict1)
print("dict1 的类型: " + str(type(dict1)))
print("通过 json.dumps()函数处理: ")
print("json_info 的类型: " + str(type(json_info)))
```

输出结果如图 8.54 所示。

(2) json. loads()函数的使用，将字符串转换为字典。

```
import json
json_info = '{"age": "12"}'
dict1 = json.loads(json_info)
print("json_info 的类型: " + str(type(json_info)))
print("通过 json.dumps()函数处理: ")
print("dict1 的类型: " + str(type(dict1)))
```

输出结果如图 8.55 所示。

```
dict1的类型: <class 'dict'>
通过json.dumps()函数处理,
json_info的类型: <class 'str'>
```

图 8.54　json. dumps()函数的使用

```
json_info的类型: <class 'str'>
通过json.loads()函数处理,
dict1的类型: <class 'dict'>
```

图 8.55　json. loads()函数的使用

为了更清晰、快捷地看出 JSON 数据的树状层次结构,可以使用 JSON 在线解析转换工具,如 https://www.sojson.com/。将 Response 标签的数据复制、粘贴到 JSON 解析的可编辑区域,单击“检验/格式化”按钮就可将数据的层次关系显示出来,如图 8.56 所示。


```
[
  {
    "userProfile": {
      "avatarUrl": "//dimg04.c-ctrip.com/images/02803120008qu3x22D54F_R_100_100_R5_Q70_D.jpg",
      "userName": "FRANKIE*STA",
      "reviewedCount": 6
    },
    "reviewDetails": {
      "reviewScore": {
        "score": "4.2",
        "scoreMax": "5",
        "scoreDescription": ""
      },
      "reviewContent": "这次给美丽亚做总结有很多好的体验但是槽点也有不少 从服务开始说起酒店有提前联系到我 在电话里有说过可以加微信安排行程或者入住期间方便联系
      "releaseDate": "2022-02-15",
      "travelType": "家庭亲子",
      "roomType": "美利亚湖景大床房",
      "checkInDate": "2022-02-14",
      "reviewUpdateImages": [
        "//dimg04.c-ctrip.com/images/02036120009bdwnes3691_R_150_150_R5_Q70_D.jpg",
        "//dimg04.c-ctrip.com/images/02022120009bdsycm5D02_R_150_150_R5_Q70_D.jpg",
        "//dimg04.c-ctrip.com/images/02032120009bdt8ppD03A_R_150_150_R5_Q70_D.jpg",
        "//dimg04.c-ctrip.com/images/0201i120009bdtzbr1574_R_150_150_R5_Q70_D.jpg",
        "//dimg04.c-ctrip.com/images/0200k120009bdsq8nABBA_R_150_150_R5_Q70_D.jpg",
        "//dimg04.c-ctrip.com/images/0203z120009bdwqg6C7F3_R_150_150_R5_Q70_D.jpg",
        "//dimg04.c-ctrip.com/images/0205h120009bduker6F25_R_150_150_R5_Q70_D.jpg",
        "//dimg04.c-ctrip.com/images/0203w120009bdxau1038E_R_150_150_R5_Q70_D.jpg"
      ],
```


图 8.56 JSON 在线解析转换工具解析出的数据层次关系

例 8.8:抓取携程网站上重庆美利亚酒店的多页客户评论信息(这里以 10 页为例)。

```
import requests
import json
import openpyxl

url = 'https://m.ctrip.com/restapi/soa2/21881/json/GetReviewList'
params = {
    'testab':'c17b8e46a888a56beb6202c196a87cd7d4df5f6bbe08f328bd645a5f6c99c0da'
}

wb = openpyxl.Workbook()
sheet = wb.active
sheet.title = '重庆美利亚酒店游客评论'

    for i in range(1,10):
        payload = {"PageNo": i,
                   "PageSize": 10,
                   "MasterHotelId": 72917940,
                   "NeedFilter": "true",
                   "UnUsefulPageNo": 1,
                   "UnUsefulPageSize": 5,
                   "head":{'Locale': 'zh-CN','Currency': "CNY"}}


    #封装成为 JSON 形式,以 post()方法指定携带参数发送 URL 请求
    headers1 = {'User-Agent': 'Mozilla/5.0 (Windows NT 10.0; Win64; x64) AppleWebKit/537.36
(KHTML, like Gecko) Chrome/98.0.4758.82 Safari/537.36',
        #此处补充完整 Cookie
        'Cookie':'_RGUID=5893c5ec-b764-43f5-80c0-3b3ededc14b9; _RDG=2837d3703943a129
d010bcdb89c73bda9e; _RSG=rF4PtoUnJY5vI1tUxpE038; _ga=GA1.2.1352261441.1629703211; _abtest_
userid=d141b12b-060c-48c9-9b95-6ee49ca792b0; login_type=0; UUID=BAB4F70DE7CB4CFD
96B1EC21E7766C5A; nfes_isSupportWebP=1; MKT_CKID=1629703458091.khyf8.8nk7; _gcl_au=
1.1.846058774.1640354260; _bfaStatusPVSend=1; GUID=09031170116845893252; ibulanguage=CN;
ibulocale=zh_cn; cookiePricesDisplayed=CNY; _gid=GA1.2.877615807.1644907824; _RF1=61.
128.252.35; MKT_Pagesource=PC; MKT_CKID_LMT=1644998538610; HotelCityID=4split%E9%87%
8D%E5%BA%86splitChongqingsplit2022-02-18split2022-02-19split0; Union=OUID=
&AllianceID=66672&SID=1693366&SourceID=&AppID=&OpenID=&exmktID=&createtime=
1645063766&Expires=1645668565655; Session=SmartLinkCode=c-ctrip&SmartLinkKeyWord=
&SmartLinkQuary=_UTF.&SmartLinkHost=pages.c-ctrip.com&SmartLinkLanguage=zh; login_uid=
```

BDE80162BF0396DBCEF6637B9F94E2AF; cticket = 9762E0013A8599D45AF954FC267904136E0601BA0850F981
CD266CFA4AA7B697; AHeadUserInfo = VipGrade = 0&VipGradeName = ％ C6 ％ D5 ％ CD ％ A8 ％ BB ％ E1 ％ D4 ％
B1&UserName = &NoReadMessageCount = 0; DUID = u = BDE80162BF0396DBCEF6637B9F94E2AF&v = 0;
IsNonUser = F; IsPersonalizedLogin = T; intl_ht1 = h4 = 4_72917940, 4_435659, 4_2301172, 4_
41645380, 4_759164, 4_733547; _uetsid = c18baf808efe11ecb71059586253fb42; _uetvid =
9eda65e003e211ec933215a252e8e072; _bfi = p1 ％ 3D102003 ％ 26p2 ％ 3D102002 ％ 26v1 ％ 3D91 ％ 26v2 ％
3D90; _jzqco = ％ 7C ％ 7C ％ 7C ％ 7C1644998538787 ％ 7C1. 822783079. 1629703458089. 1645080463562.
1645080468002. 1645080463562. 1645080468002. undefined. 0. 0. 74. 74; __zpspc = 9. 14. 1645080408.
1645080468. 4 ％ 232 ％ 7Cwww. baidu. com ％ 7C ％ 7C ％ 7C ％ 7C ％ 23; appFloatCnt = 3; librauuid =
qFfSuakG96nlVhdn; _bfs = 1.7; _bfaStatus = send; _bfa = 1.1629703207831. 2u8bgf. 1. 1645063765493.
1645080405321. 14. 92. 236',

```
                'origin':'https://hotels.ctrip.com',
                'p': '36245467912',
                'content - type':'application/json'
                }
    res = requests.post(url, data = json.dumps(payload), headers = headers1, params = params)

    data = res.content.decode('utf - 8')
    reviews = json.loads(data)
    #print(reviews)
    rlist = reviews['Response']['ReviewList']

    for r in rlist:
        sheet.append([
        r['userProfile']['userName'],\
        r['reviewDetails']['reviewScore']['scoreDescription'],\
        r['reviewDetails']['reviewContent'],\
        r['reviewDetails']['releaseDate']
    ])

    wb.save('melia.xlsx')
```

GetViewList 对应的 Headers 里的 Request Payload 参数中的 PageNo 即是当前评论的页数,要抓取多页的评论,只需增加一个循环结构,将页数作为循环变量及请求参数即可。

🔖 小贴士

常用的 request. post()方法有以下几种情况。

(1) 带数据的 post()方法。格式为:

```
data = {'key1':'value1','key2':'value2'}
r = requests.post(url, data = data)
```

如(1)中代码中 post()方法携带的参数 data＝json. dumps(payload)。

(2) 带 header 的 post()方法。如(1)中代码中 post()方法携带的参数:

```
headers = {'Content - type':'application/json;charset = UTF-8'}
```

(3) 带 JSON 的 post()方法。用法如:

```
data = {"sites": [ { "name":"test" , "url":"www. test. com" },
                   { "name":"google" , "url":"www. google. com" },
                   { "name":"weibo" , "url":"www. weibo. com" } ]}

r = requests.post(url, json = data)
```

(4) 带参数的 post()方法。用法如:

```
params = {'key1':'params1','key2':'params2'}
r = requests.post(url, params = params)
```

8.6 携程网站某景区评论信息抓取

例8.9：携程网站重庆酉阳桃花源景区游客评论信息的抓取。

在携程网站上输入关键词"酉阳桃花源"进行搜索，会看到如图8.57所示的界面及评论区内容（链接地址为 https://you.ctrip.com/sight/chongqing158/10373.html♯ctm_ref＝www_hp_his_lst）。

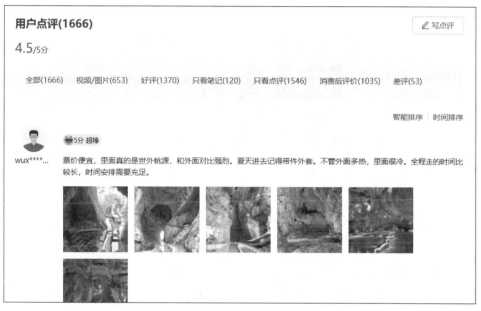

图8.57 重庆酉阳桃花源景区用户点评

从图8.58和图8.59可以看出，单击"下一页"按钮，浏览器地址栏的链接访问地址没有变化，说明数据是Ajax异步请求，此时需要从Network中查看信息。

图8.58 第1页的景区游客评论

图 8.59 第 2 页的景区游客评论

找到 Network 中评论信息的存放位置,如图 8.60 所示。

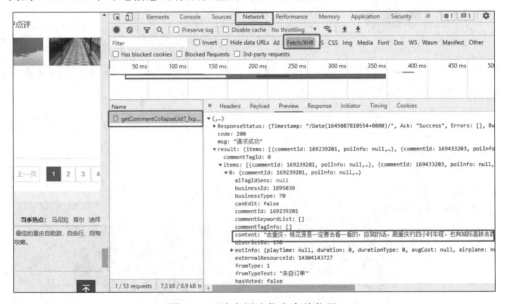

图 8.60 游客评论信息存放位置

分析图 8.61 中 Payload 的数据,编写参考代码如下。

```
import requests
import json

postUrl = 'https://m.ctrip.com/restapi/soa2/13444/json/getCommentCollapseList?_fxpcqlniredt
= 09031170116845893252&x - traceID = 09031170116845893252 - 1645087951257 - 5684990'
wb = openpyxl.Workbook()
sheet = wb.active
```

```
sheet.title = '重庆酉阳桃花源景区评论'

for page in range(1,10):
    data_1 = {
        'arg':{
            'channelType': 2,
            'collapseType': 0,
            'commentTagId': 0,
            'pageIndex': page,
            'pageSize': 10,
            'poiId': 78157,
            'sortType': 3,
            'sourceType': 1,
            'starType': 0
        },
        'head':{
            'auth': "",
            'cid': "09031170116845893252",
            'ctok': "",
            'cver': "1.0",
            'extension': [],
            'lang': "01",
            'sid': "8888",
            'syscode': "09",
            'xsid': ""
        }
    }

    html = requests.post(postUrl, data = json.dumps(data_1)).text
    html = json.loads(html)
    items = html['result']['items']

    for i in items:
        sheet.append([
        i['userInfo']['userNick'],
        i['content'],
        i['score'],
        i['publishTypeTag']
    ])

    wb.save('taohuayuan.xlsx')
```

图 8.61 Payload 中的数据

打开生成的 taohuayuan. xlsx 文件,可看到游客评论的信息已成功写入 Excel 文件中,如图 8.62 所示。

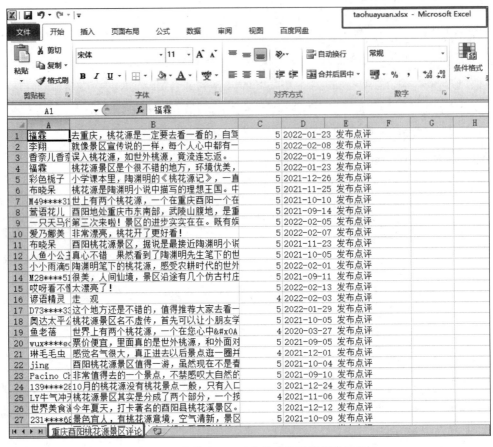

图 8.62 存储在 Excel 文件中的游客评论信息

8.7 天气信息的抓取

例 8.10:自动抓取每日的天气信息,并定时把天气数据和穿衣提示发送到指定邮箱。

打开中国天气网(http://www.weather.com.cn),查看北京未来 7 天的天气预报,如图 8.63 所示。

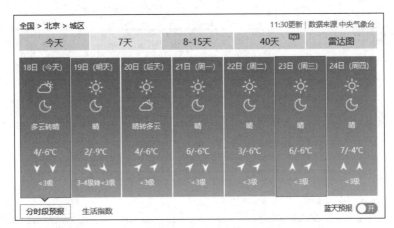

图 8.63 中国天气网显示的北京未来 7 天的天气预报

右击,在弹出的快捷菜单中选择"检查"选项,弹出开发者工具界面,单击 Network 选项,刷新页面,查看第 0 个请求,如图 8.64 所示。

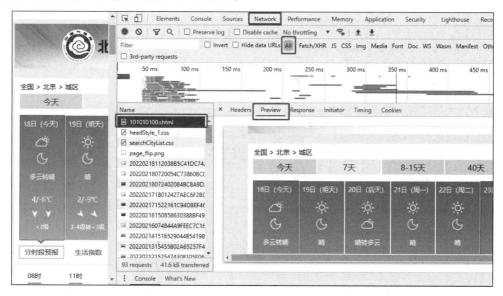

图 8.64 在 Preview 中查看天气信息

即数据在 HTML 中,单击 Elements,结果如图 8.65 所示。

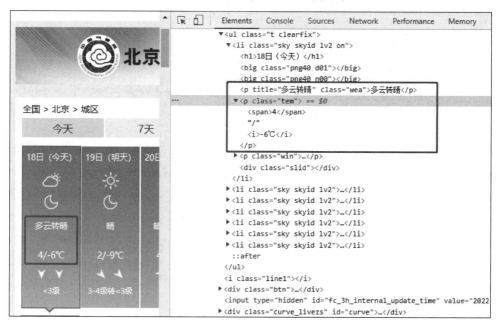

图 8.65 天气及温度信息

可以发现,温度数据放在< p class="tem">下,天气数据放在< p title = "多云转晴" class= "wea">下。

参考代码如下:

```
# 引入 requests 库和 BeautifulSoup 库
import requests
from bs4 import BeautifulSoup
# 封装 headers
```

```
headers = {'user - agent':'Mozilla/5.0 (Macintosh; Intel Mac OS X 10_13_6) AppleWebKit/537.36
(KHTML, like Gecko) Chrome/71.0.3578.98 Safari/537.36'}
# 把 URL 链接赋值到变量 url 上
url = 'http://www.weather.com.cn/weather/101010100.shtml'
# 发送 requests 请求,并把响应的内容赋值到变量 res 中
res = requests.get(url, headers = headers)
# 检查响应状态是否正常
print(res.status_code)
# 打印出 res 对象的网页源代码
print(res.text)
```

由运行结果可以发现,出现了一些乱码,如图 8.66 所示。

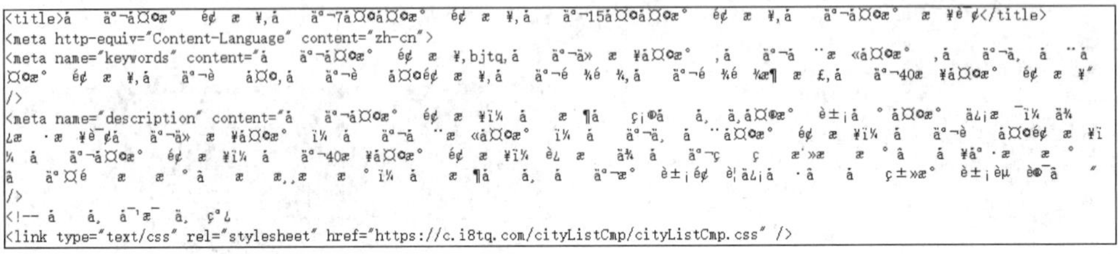

图 8.66　出现的一些乱码信息

在网页上右击,在弹出的快捷菜单中选择"查看网页源代码"选项,会弹出一个新的标签页,然后搜索 charset,查看编码方式,如图 8.67 所示。

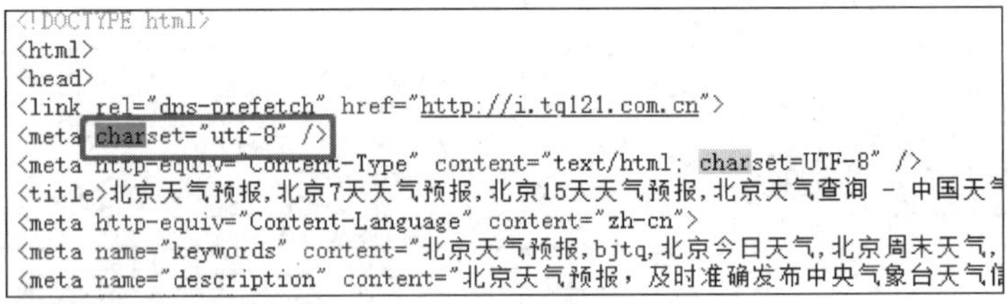

图 8.67　charset 编码信息

根据图 8.67 中 charset 的编码信息,在上述代码中增加语句: res.encoding='utf-8',即可解决如图 8.66 所示的乱码问题。

```
import requests
from bs4 import BeautifulSoup
headers = {'user - agent':'Mozilla/5.0 (Macintosh; Intel Mac OS X 10_13_6) AppleWebKit/537.36
(KHTML, like Gecko) Chrome/71.0.3578.98 Safari/537.36'}
url = 'http://www.weather.com.cn/weather/101010100.shtml'
res = requests.get(url, headers = headers)
res.encoding = 'utf - 8'

print(res.status_code)
print(res.text)
```

从运行结果来看,乱码问题已得到解决,如图 8.68 所示。

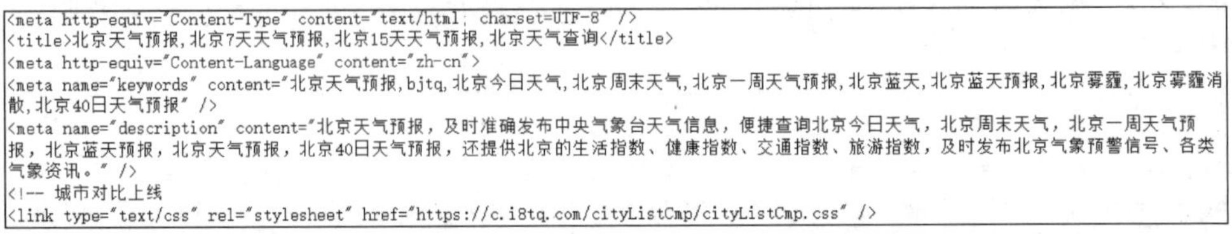

图 8.68　解决乱码问题后的正常显示

接下来,就可以用 BeautifulSoup 模块解析和提取数据了:

```
import requests
from bs4 import BeautifulSoup
    headers = {'user-agent':'Mozilla/5.0 (Macintosh; Intel Mac OS X 10_13_6) AppleWebKit/537.36
(KHTML, like Gecko) Chrome/71.0.3578.98 Safari/537.36'}
    url = 'http://www.weather.com.cn/weather/101010100.shtml'
    res = requests.get(url,headers = headers)
    res.encoding = 'utf-8'

    weather = BeautifulSoup(res.text,'html.parser')
    wea = weather.find(class_ = 'wea')
    tem = weather.find(class_ = 'tem')

    print(wea.text)
    print(tem.text)
```

> 多云转晴
>
> 4/-6℃

图 8.69　抓取的天气信息

运行结果如图 8.69 所示。

8.8　selenium 的应用

selenium 最初是一个自动化测试工具,在爬虫中使用 selenium 主要是为了解决 requests 无法直接执行 JavaScript 代码的问题。selenium 的本质是通过驱动浏览器,完全模拟浏览器的操作,例如跳转、输入、单击、下拉等,来得到网页渲染之后的结果,可支持多种浏览器。

8.8.1　selenium 的配置

首先安装 selenium 模块(pip install selenium),然后需要安装浏览器驱动。在浏览器(这里以 Google 浏览器为例)的地址栏中输入 chrome://version/查看浏览器版本号,如图 8.70 所示。

图 8.70　查看浏览器版本号

输入 https://chromedriver.storage.googleapis.com/index.html,查看浏览器的系列版本号,如图 8.71 所示。

📁 83.0.4103.39	-	-	-	-
📁 84.0.4147.30	-	-	-	-
📁 85.0.4183.38	-	-	-	-
📁 85.0.4183.83	-	-	-	-
📁 85.0.4183.87	-	-	-	-
📁 86.0.4240.22	-	-	-	-
📁 87.0.4280.20	-	-	-	-
📁 87.0.4280.87	-	-	-	-
📁 87.0.4280.88	-	-	-	-
📁 88.0.4324.27	-	-	-	-
📁 88.0.4324.96	-	-	-	-
📁 89.0.4389.23	-	-	-	-
📁 90.0.4430.24	-	-	-	-
📁 icons	-	-	-	-
🗒 LATEST_RELEASE	2021-03-03 19:54:18	0.00MB	d5fc77bc5fc3591f5d909c7320db90b4	

图 8.71　Google 浏览器的系列版本号

找到最接近的版本号并单击,如图 8.72 所示。

Index of /89.0.4389.23/

Name	Last modified	Size
Parent Directory		-
chromedriver_linux64.zip	2021-01-28 17:30:52	5.57MB
chromedriver_mac64.zip	2021-01-28 17:30:53	7.97MB
chromedriver_mac64_m1.zip	2021-01-28 17:30:55	7.17MB
chromedriver_win32.zip	2021-01-28 17:30:57	5.68MB
notes.txt	2021-01-28 17:31:00	0.00MB

图 8.72 单击最接近的版本号

下载、解压安装文件,将 chromedriver.exe 文件复制至 Python 安装根目录下。

8.8.2 工作原理和步骤

(1)设置浏览器引擎。

```
♯ 本地 Chrome 浏览器设置方法
from selenium import webdriver          ♯从 selenium 库中调用 webdriver 模块
driver = webdriver.Chrome()            ♯设置引擎为 Chrome,真实地打开一个 Chrome 浏览器
```

其中,driver 是实例化的浏览器。

(2)获取数据。

```
driver.get('https://www.ciie.org/zbh/index.html')        ♯打开网页
time.sleep(1)
driver.close()                                            ♯关闭浏览器
```

当一个网页被打开时,网页中的数据就加载到了浏览器中。也就是说,数据已被获取到。

(3)解析与提取数据。

selenium 所解析提取的是 Elements 中的所有数据,而 BeautifulSoup 所解析的则只是 Network 中第 0 个请求的响应。

用 selenium 把网页打开,所有信息就都加载到了 Elements 中,之后,就可以把动态网页用静态网页的方法抓取了。

8.8.3 selenium 提取数据的方法

(1) find_element_by_tag_name:通过元素的标签名称选择。

(2) find_element_by_class_name:通过元素的 class 属性选择。

(3) find_element_by_id:通过元素的 id 属性选择。

(4) find_element_by_name:通过元素的 name 属性选择。

(5) find_element_by_link_text:通过链接文本获取超链接。

(6) find_element_by_partial_link_text:通过链接的部分文本获取超链接。

例 8.11:将重庆国际博览中心(https://www.chongqingexpo.com/)近期展会的场馆信息提取出来,如图 8.73 所示。

可通过以下代码实现:

```
from selenium import webdriver
import time

driver = webdriver.Chrome()
driver.get('https://www.chongqingexpo.com/Home/exhibition/short.html')
time.sleep(2)          ♯等待 2 秒
```

```
labels = driver.find_elements_by_tag_name('label')
for i in labels:
    print(i.text)
```

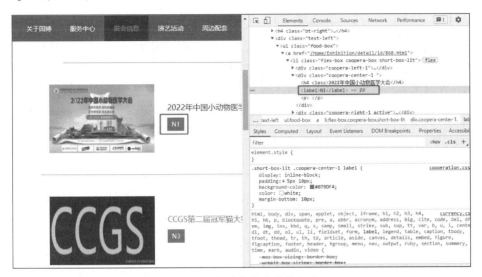

图 8.73 场馆信息存放的标签

如果在运行以上代码时，出现类似以下的错误提示信息：

selenium. common. exceptions. SessionNotCreatedException: Message: session not created: This version of ChromeDriver only supports Chrome version 89. Current browser version is 98.0.4758. 102 with binary path C:\Program Files\Google\Chrome\Application\chrome.exe.

则表示所安装的浏览器驱动和当前浏览器版本不匹配，需要重新根据当前浏览器版本号安装浏览器驱动。

在 Jupyter Notebook 中运行该代码的结果如图 8.74 所示，并同时自动打开浏览器跳转到 https://www.chongqingexpo.com/Home/exhibition/short.html 页面，如图 8.75 所示，并提示"Chrome 正受到自动测试软件的控制"信息。

```
N1
N3
N8
N1
N5/N7/N8
```

图 8.74 selenium 提取的
展会场馆信息

图 8.75 自动打开浏览器并跳转到指定页面

例 8.12：在如图 8.76 所示的页面(https://www.chongqingexpo.com/)中单击搜索框，在搜索框中输入"家具"，再按 Enter 键，出现与家具相关的展会信息，如图 8.77 所示。

图 8.76　重庆国际博览中心首页

图 8.77　搜索到的与"家具"有关的展会信息

如何控制浏览器自动实现以上搜索过程及效果？

根据图 8.78 所示的源代码信息，写出的编码如下：

```
<form action name="oForm" method="get">
    <input type="text" name="keywords" autocomplete="off" value
    placeholder="输入文字开始搜索" id="o" onkeyup="autoComplete.start
    (event)">
  ▼<a href="javascript:document.oForm.submit();">
        <img style="cursor: pointer;" src="/Public/Home/ico/searchbtn.
        png"> == $0
```

图 8.78　与"搜索"功能相关的源代码信息

```python
from selenium import webdriver
import time

driver = webdriver.Chrome()
driver.get('https://www.chongqingexpo.com/Home/search.html')
time.sleep(2)              # 等待 2 秒

sname = driver.find_element_by_name('keywords')
sname.send_keys('家具')

oForm = driver.find_element_by_name('oForm')
```

```
oForm.submit()
```

```
driver.close()
```

运行以上代码,看到系统会自动打开浏览器,在搜索框中自动输入"家具",并自动将与关键字匹配的搜索结果显示出来。

在本地的操作环境中,还可以把自己计算机中的 Chrome 浏览器设置为静默模式。也就是说,让浏览器只是在后台运行,并不在显示器中打开它的可视界面。因为在做爬虫时,通常不需要打开浏览器,爬虫的目的是抓取到数据,而不是观看浏览器的操作过程,在这种情况下,就可以使用浏览器的静默模式,编写代码如下:

```
from selenium import webdriver                              # 从 selenium 库中调用 webdriver 模块
from selenium.webdriver.chrome.options import Options       # 从 options 模块中调用 Options 类

chrome_options = Options()                                  # 实例化 Option 对象
chrome_options.add_argument('-- headless')                  # 把 Chrome 浏览器设置为静默模式
driver = webdriver.Chrome(options = chrome_options)         # 设置引擎为 Chrome,在后台默默运行
```

8.8.4　selenium 操作元素的常用方法

(1) 单击和输入,包括:clear(),清除元素的内容;send_keys(),模拟按键输入,自动填写表单;click(),单击元素。

先看一段代码:

```
from selenium import webdriver

driver = webdriver.Chrome()
driver.get('https://www.baidu.com')
driver.find_element_by_id('kw').clear()
driver.find_element_by_id('kw').send_keys('python')
driver.find_element_by_id('su').click()
```

以上代码的运行结果如图 8.79 所示。

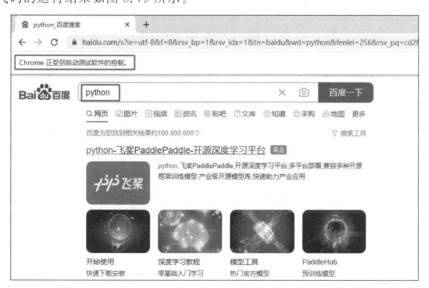

图 8.79　clear()+send_keys()+click()方法应用示例

（2）提交：submit()，用于提交表单，例如，在输入框输入关键字之后的回车操作，就可以通过该方法模拟，如：

```
from selenium import webdriver

driver = webdriver.Chrome()
driver.get('https://www.baidu.com')
element = driver.find_element_by_id('kw')
element.send_keys('python')
element.submit()
```

有时候 submit()可以和 click()方法互换使用，submit()同样可以提交一个按钮，但submit()的应用范围远远没有 click()广。

（3）其他方法，如 size()返回元素的尺寸；text()返回元素的内容；get_attribute(name)返回元素属性的值；is_displayed()设置该元素是否用户可见。

第9章

Scrapy 爬虫框架

Scrapy 是常用的 Python 爬虫框架之一,它对数据抓取与数据存储进行了分工,实现了数据的分布式抓取与存储,是一个功能强大的专业爬虫框架。使用 Scrapy 爬虫框架能够极大地提高爬虫的开发效率,是当前爬虫开发的主流方式,熟悉掌握并使用爬虫框架开发爬虫将能达到事半功倍的效果。

9.1 安装 Scrapy 爬虫框架并创建爬虫项目

本书的开发环境是基于 Anaconda 安装的,但 Scrapy 爬虫框架并没有被集成到 Anaconda 中,在使用开发环境前需要先安装 Scrapy 爬虫框架。

9.1.1 安装 Scrapy 爬虫框架

以管理员身份运行 Anaconda Prompt 命令行,使用 conda install scrapy 命令安装 Scrapy 爬虫框架。如果安装失败,可能的原因是 Scrapy 爬虫框架所依赖的 twisted 安装失败。 twisted 是用 Python 实现的基于事件驱动的网络引擎框架(从这里可以看出,一个框架可以依赖于另一个框架),但其安装形式比较特殊,须先下载源代码,再在本地编译生成可执行文件后才能安装,而如果本地无 VS 编译工具或 VS 的版本低于编译要求就会导致 twisted 安装失败,进而会使得 Scrapy 安装失败。此时可以采用下载离线安装包的方式下载并安装 twisted, 但要注意选择与操作系统版本相对应的安装文件。twisted 安装完成后再重新使用 conda install scrapy 命令安装 Scrapy 爬虫框架就可以了。

在使用 Scrapy 爬虫框架时,不论是创建 Scrapy 爬虫工程,还是启动运行已创建的 Scrapy 爬虫工程,都需要使用命令行。因此,为了方便后续的开发,在 Scrapy 爬虫框架安装成功后需要配置 Windows 系统的环境变量以使框架可用。方法是将 Anaconda 安装目录下的 Scripts 文件夹的路径添加到 Windows 操作系统的 PATH 变量中。

现以 Windows 10 为例介绍具体的方法。

(1)打开"设置"选项,单击"关于"图标,如图 9.1 所示。

(2)单击"高级系统设置"选项,如图 9.2 所示。

(3)在弹出的"系统属性"对话框中单击"环境变量"按钮,如图 9.3 所示。

图 9.1　单击"关于"图标

图 9.2　单击"高级系统设置"选项

图 9.3　单击"环境变量"按钮

（4）在弹出的"环境变量"对话框中双击"系统变量"中的 Path 变量，如图 9.4 所示。

图 9.4　双击 Path 变量

（5）在弹出的"编辑环境变量"对话框中，编辑 Path 变量，即将 Anaconda 安装目录下的
Scripts 文件夹的路径添加到 Windows 操作系统的 Path 变量中，如图 9.5 所示。

图 9.5　编辑 Path 变量

小贴士

Windows 7 配置环境变量时,文件夹地址之间要用";"分隔开来,并且配置好环境变量后要重启命令窗口以使变量生效。

完成环境变量配置后,启动命令行界面并输入 scrapy,可验证 Scrapy 爬虫框架是否安装配置成功,成功后的界面如图 9.6 所示。

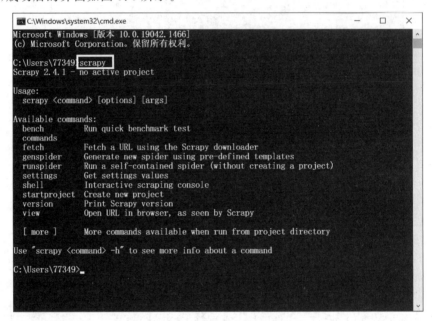

图 9.6　Scrapy 爬虫框架安装成功后的界面

由图 9.6 可知,当前安装的 Scrapy 爬虫框架版本是 2.4.1。图 9.6 中还输出了操作 Scrapy 爬虫框架的相关命令。

9.1.2　创建并启动 Scrapy 爬虫项目

要想开发 Scrapy 爬虫项目,需要使用 Scrapy 命令创建爬虫项目,此项目是一个半成品的爬虫项目。在命令行中创建爬虫项目的步骤如下。

(1) 创建爬虫项目: scrapy startproject 项目名;

(2) 切换到项目根目录;

(3) 创建爬虫文件: scrapy genspider 爬虫名 起始 URL。

使用命令创建 Scrapy 爬虫项目,如图 9.7 所示。

```
D:\project\pythonProject\scrapyProject>scrapy startproject demo
New Scrapy project 'demo', using template directory 'C:\ProgramData\Anaconda3\lib\site-packages\scrapy\templates\project
', created in:
    D:\project\pythonProject\scrapyProject\demo

You can start your first spider with:
    cd demo
    scrapy genspider example example.com

D:\project\pythonProject\scrapyProject>cd demo

D:\project\pythonProject\scrapyProject\demo>scrapy genspider example example.com
Created spider 'example' using template 'basic' in module:
  demo.spiders.example

D:\project\pythonProject\scrapyProject\demo>
```

图 9.7　创建 Scrapy 爬虫项目

在创建 Scrapy 爬虫项目过程中，startproject 命令是创建爬虫过程的命令，该命令后面是新创建的项目名称。命令执行成功后，会在当前文件夹下创建一个同名的项目代码文件夹。

startproject 命令只是完成项目代码的框架创建，即这个框架中没有可以运行的爬虫文件，爬虫文件需要用 genspider 命令来创建。genspider 命令运行时必须位于 Scrapy 爬虫项目的根目录下；genspider 命令后面需要指定创建的爬虫文件名称，以及该爬虫抓取数据时的起始 URL，起始 URL 会被保存在类变量 start_urls 列表中。命令执行成功后，会在项目中的 spider 文件夹下创建一个指定的爬虫文件。至此，就完成了最基本的爬虫项目的创建文件。

爬虫项目创建成功后，可以使用命令来启动该爬虫项目，启动方法是在爬虫工程的根目录下执行"scrapy crawl 爬虫名"命令。

9.1.3　Scrapy 爬虫项目的组成

接下来看看通过命令创建的 Scrapy 爬虫项目都包含哪些部分。Scrapy 爬虫项目结构如图 9.8 所示。

由图 9.8 可以看出 Scrapy 爬虫项目包括以下几部分：scrapy.cfg 文件、spiders 文件夹以及 items.py、middlewares.py、pipellines.py 和 settings.py 文件。

现在逐个介绍这些文件的作用。

（1）scrapy.cfg 文件。

scrapy.cfg 文件是项目的配置文件，在开发爬虫时不需要改动，因此不对其做详细讲解。

（2）spiders 文件夹。

使用 genspider 创建的爬虫文件就保存在 spiders 文件夹下，也就是说该文件夹是 Scrapy 爬虫项目的爬虫模块。这里需要注意的是，一个 Scrapy 爬虫项目中可以有多个爬虫文件。这样的设计理念是：在某些场

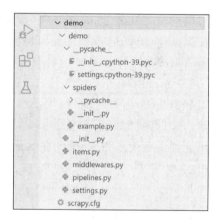

图 9.8　Scrapy 爬虫项目结构

景下，需要从多个网站获得数据，为了让代码逻辑清晰，可以设计一个 spider 文件对应一个网站数据抓取，从而多个爬虫共用项目中的其他模块，以提高代码的复用率和开发效率。

爬虫的抓取逻辑写在爬虫文件中，通过 genspider 命令生成的文件包含了以下的类变量和方法。

name 变量：一个字符串类型变量，作用是定义爬虫的名字，这个名字在一个爬虫项目中是唯一的，用来标识爬虫。在使用 crawl 命令启动爬虫时，命令后面传入 name 变量的值，可以启动指定的爬虫。

allowed_domains：一个字符串数组，定义的是爬虫可以抓取的网页地址，当不定义此变量时，爬虫可以抓取所有的网页。

start_url 变量：一个字符串列表，爬虫在启动时会以这个列表中的网址为起始点，开始抓取网页数据。

parse()方法：网页内的数据被抓取下来后，该方法默认被调用，针对网页数据的解析就是通过该方法进行的。

默认情况下设置了 start_urls 之后，框架会自动以此为起点进行抓取，抓取后的数据默认通过参数的方式传递给 parse()方法进行处理。此类使用方法比较简单，但是有局限性，因为

某些场景下抓取起始页面需要添加特殊的处理,如抓取起始页面需要登录、需要设置 Cookie 属性。因此 Scrapy 框架允许通过重写 start_requests()方法来自定义对爬虫起始页面的抓取设置。

在 start_requests()方法中,自定义请求的 Request 对象时,可以指定爬虫抓取的起始页面的 URL 和处理抓取数据的回调方法(如果不指定,则抓取的数据默认由 parse()方法处理),并可以附加请求时的 Cookie 或 Headers 等信息。最后使用 yield 关键字将 Request 对象返回,整个爬虫工程就会被启动起来,开始执行抓取任务。

(3) items.py 文件。

爬虫在运行过程中抓取下来的数据有可能需要在各个模块之间传输,因此需要在 items.py 中定义统一的数据格式。同样,在 Scrapy 爬虫项目中可以定义多个不同的 item 类,以应对不同的数据抓取场景。

(4) pipelines.py 文件。

pipeline 是管道的意思,是框架中的数据处理模块。在这个模块中可以通过代码将爬虫抓取的数据保存到 MySQL、MongoDB 等主流数据库中,完成数据的持久化工作。一个项目也可以同时拥有多个 pipeline 类,以应对一次抓取后将数据同时保存到不同的存储工具中这类情况。在 pipeline 模块中还可以实现抓取数据的过滤、去重等工作,使爬虫能够完成更加复杂的数据处理工作。

(5) middlewares.py 文件。

middlewares 即中间件,用于 Scrapy 爬虫框架的功能扩展。在数据抓取或数据网页下载阶段,有时需要根据不同网站及不同的抓取需求进行有针对性的处理,这些个性化的功能需求不可能都由框架来完成,因此在 Scrapy 爬虫框架中设计了 middlewares 模块,通过该模块用户可实现定制开发自己的爬虫。在 Scrapy 爬虫框架中 middleware 分为 downloader middleware 和 spider middleware 两类。

(6) settings.py 文件。

settings 模块是 Scrapy 爬虫框架中非常重要的模块,承担了设置爬虫行为模式、模块启动等配置功能。下面列举部分在开发中常用的配置:

① pipeline 模块的启动以及启动顺序配置;

② spider 抓取网页数据时的频率、默认 Headers 等属性配置;

③ 启用或关闭指定的 spider middleware 配置;

④ 启动或关闭指定的 downloader middleware 配置。

例 9.1:创建一个 Scrapy 爬虫项目,项目名称为 demo1,在项目中创建一个名为 demo1_spider 的爬虫文件,并指定抓取的起始 URL 为百度首页网址。最后通过命令行启动爬虫。

实现步骤如下。

(1) 创建爬虫命令。

```
scrapy startproject demo1
cd demo1
scrapy genspider demo1_spider baidu.com
```

创建爬虫项目的命令行代码和 Scrapy 爬虫项目结构分别如图 9.9 和图 9.10 所示。图 9.11 为打开 demo1_spider.py 文件的内容。

这个项目初步看起来有点复杂,但仔细分析也不难理解。下面分析 demo1_spider.py 程序。

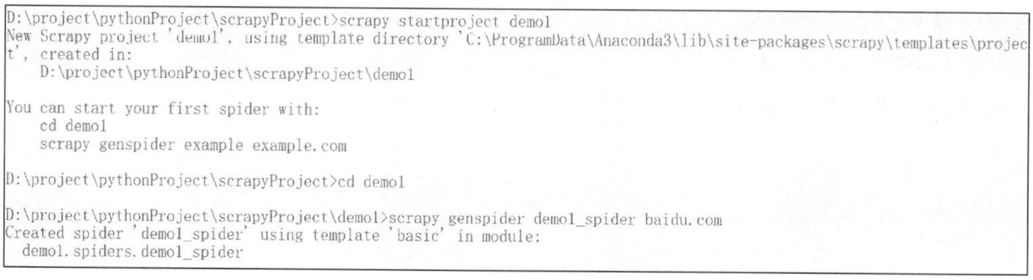

```
D:\project\pythonProject\scrapyProject>scrapy startproject demo1
New Scrapy project 'demo1', using template directory 'C:\ProgramData\Anaconda3\lib\site-packages\scrapy\templates\projec
t', created in:
    D:\project\pythonProject\scrapyProject\demo1

You can start your first spider with:
    cd demo1
    scrapy genspider example example.com

D:\project\pythonProject\scrapyProject>cd demo1

D:\project\pythonProject\scrapyProject\demo1>scrapy genspider demo1_spider baidu.com
Created spider 'demo1_spider' using template 'basic' in module:
  demo1.spiders.demo1_spider
```

图 9.9　创建爬虫项目的命令行代码

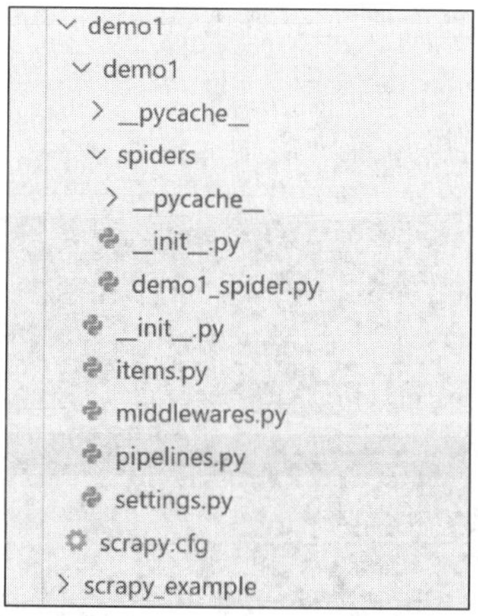

```
∨ demo1
  ∨ demo1
    > __pycache__
    ∨ spiders
      > __pycache__
      ✷ __init__.py
      ✷ demo1_spider.py
    ✷ __init__.py
    ✷ items.py
    ✷ middlewares.py
    ✷ pipelines.py
    ✷ settings.py
  ✿ scrapy.cfg
  > scrapy_example
```

图 9.10　Scrapy 爬虫项目结构

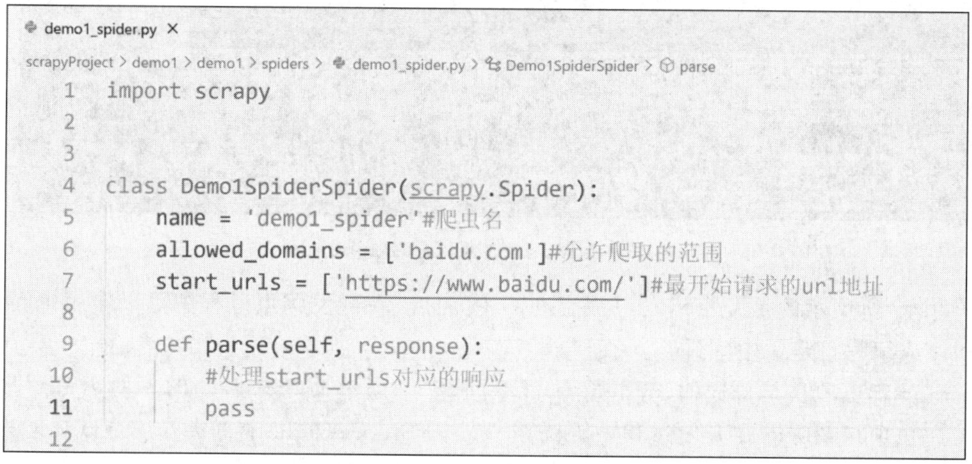

```
✷ demo1_spider.py ×
scrapyProject > demo1 > demo1 > spiders > ✷ demo1_spider.py > ⚓ Demo1SpiderSpider > ⊕ parse
 1    import scrapy
 2
 3
 4    class Demo1SpiderSpider(scrapy.Spider):
 5        name = 'demo1_spider'#爬虫名
 6        allowed_domains = ['baidu.com']#允许爬取的范围
 7        start_urls = ['https://www.baidu.com/']#最开始请求的url地址
 8
 9        def parse(self, response):
10            #处理start_urls对应的响应
11            pass
12
```

图 9.11　demo1_spider.py 文件的内容

语句1：

```
import scrapy
```

该语句引入 scrapy 程序包，这个包中有一个请求对象 Request 类与一个响应对象 Response 类。

语句2：

```
class Demo1SpiderSpider(scrapy.Spider):
    name = 'demo1_spider'
    allowed_domains = ['baidu.com']
    start_urls = ['https://www.baidu.com/']
```

任何一个爬虫程序类都继承自 scrapy. Spider 类；任何一个爬虫程序都有一个名字，这个名字在整个爬虫项目中是唯一的，这里的爬虫程序命名为 demo1_spider。allowed_domains 是爬虫允许抓取的范围。start_urls 是爬虫程序的入口地址。

语句 3：

```
def parse(self, response):
    pass
```

回调函数 parse()包含一个 scrapy. Request 类的对象 response,它包含网站响应的一切信息,例如 response. url 是网站的网址,response. body 是网站响应的二进制数据,即网页的内容。该内容通过 decode()函数解码后变成字符串。

(2) 启动爬虫项目。

执行命令 scrapy crawl demo1_spider,启动后的效果如图 9.12 所示。

图 9.12　爬虫启动后的效果

图 9.12 所展示的是爬虫启动后被启动的中间件。在开发爬虫过程中可以停用中间件、重写中间件或编写自定义中间件。

Scrapy 爬虫项目与普通的 Python 项目不同,它是通过命令来启动的。使用命令来启动 Scrapy 爬虫项目意味着在开发过程中无法在 Visual Studio Code 中直接使用调试功能来给项目设置断点,以及进行 Debug 调试,这会给开发造成很大的不便。解决这个问题的方法就是在爬虫工程中添加一个启动脚本来代替直接使用命令启动爬虫,然后在 Visual Studio Code 中可以以这个脚本为入口启动爬虫,使设置在爬虫中的断点生效。

使用脚本启动爬虫的方式具体到技术细节上有两种选择：一是选择使用执行命令行的方式启动爬虫；二是使用调用框架 API 的方式启动爬虫。

在脚本中使用执行命令行的方式启动爬虫实现步骤如下。

(1) 在爬虫项目根目录下创建脚本文件 main. py;

(2) 在 main. py 文件中,添加执行启动爬虫的命名代码;

(3) 使用 run 或者 debug 命令执行 main. py 文件就可以启动爬虫。

使用到的关键代码为：

```
from scrapy.cmdline import execute
execute('scrapy crawl demo1_spider'.split())
```

在 main.py 中运行了 scrapy.cmdline 模块中的 execute()方法来启动爬虫,在命令行中启动爬虫实际上就是将命令行中的命令传给了这个方法。代码中的 split()方法用于将字符串命令分割成单词列表,这里要注意 execute()方法的参数是列表而不是字符串。

9.2 使用 Scrapy 提取网页数据

使用 Scrapy 爬虫框架的目的是更高效地从目标网站中抓取网页信息。本小节介绍如何利用 Scrapy 爬虫项目提取网页中的数据,以及编写爬虫逻辑的方法和技巧。

9.2.1 Response 对象的属性和方法

启动爬虫后,ScrapyEngine 从 start_urls 中获取 URL,并由 Downloader 模块下载网页。当完成网页下载后,下载的结果会再转回 Spider 的 parse(self,response)方法进行处理。该方法中的 response 参数包含网页的下载结果,它的类型是 Response 类。Response 类的常用属性和方法如表 9.1 所示。

表 9.1 Response 类的常用属性和方法

属性或方法	作　　用
url	当前返回数据所对应的页面 URL
status	HTTP 请求状态码
meta	用于 request 与 response 之间的数据传递
body	返回页面 HTML 源代码,如用纯正则表达式匹配数据需要获得页面 HTML 源代码
xpath()	使用 xpath 选择器解析网页
css()	使用 css 选择器解析网页

(1) url 属性。

Scrapy 爬虫框架并不在同一个方法中构造请求与处理对应的响应,因此在 parse()方法中无法获得 Request 对象。页面源代码对应的 URL 需要通过 Response 的 url 属性获取。

(2) status 属性。

Scrapy 爬虫框架由 HttpErrorMiddleware 中间件负责过滤返回值在 200~300 以外的请求,在解析 Response 方法时,可以通过 status 属性来获取当前响应数据对应的网络请求状态码。

(3) meta 属性。

meta 的数据类型是字典,它的作用是在请求对象 Request 与响应对象 Response 之间传递数据。meta 属性存在的原因是,在某些场景下数据抓取不是一次就能够完成的。例如,在抓取淘宝商品时,首先在列表页面抓取商品的标题和价格并获得商品详情页面的 URL,然后使用该 URL 再次抓取商品详情页面从而获取商品的详细描述。两次抓取结果结合在一起才是需要获得的全部内容。这个需求在 Scrapy 爬虫框架中通过 meta 来实现。在本小节的案例中会详细介绍如何通过 meta 属性传递数据。

(4) body 属性。

Scrapy 爬虫框架提供了自己的 HTML 解析工具:xpath 选择器和 css 选择器可以高效地从 HTML 网页中定位并获取目标数据。但抓取下来的数据格式并不一定都是 HTML,如果网站使用了前后端分离技术,则从数据接口抓取下来的数据格式是 JSON,而 Response 类中又没有处理 JSON 格式的方法。此时,可以通过 body 属性获取原始数据,然后使用第三方的库解析 JSON 数据。

(5) xpath()和 css()方法。

Scrapy 爬虫框架提供了非常强大的选择器用于 HTML 页面的数据解析和提取。9.2.2 节和 9.2.4 节会详细讲解如何使用 xpath 和 css 选择器从网页中提取目标数据。

9.2.2　xpath 选择器

通过 xpath 选择器可以快速地定位网页中的目标数据并完成提取。Scrapy 爬虫框架支持 xpath 选择器提取网页数据,并且将选择器的接口整合到了 Response 类中。xpath 选择器是基于 lxml 库开发的,在语法上与使用 lxml 库一样。

使用 lxml 库定位网页元素时,无须其他操作即可通过返回值获得对应的数据。但是在 Scrapy 爬虫框架中使用 xpath 表达式定位网页元素后,方法返回值的对象类型是 Selector。要想从 Selector 中获取真正的目标数据,还需要调用 extract()方法提取数据。

实现请求网页 URL 并得到其 HTML 源代码之后,就需要将目标内容或目标数据从 HTML 源代码中提取出来,lxml 库就是解析 HTML 的一个第三方库。

Python 标准库中自带了 xml 模块,它虽然能解析 XML 文件和 HTML 页面内容,但是其性能不够好,并且缺乏一些人性化的接口。相比之下,第三方库 lxml 是使用 Cython 实现的,它增加了很多实用的功能,是爬虫处理网页数据的一件利器。lxml 库的大部分功能都存在 lxml.etree 中,下文所涉及的内容也都与其相关。

lxml 库主要通过 xpath 语句解析 HTML 页面,它使用路径表达式来选取 XML/HTML 中的节点或者节点集,可以灵活地提取页面的内容,从而达到提取目标数据的目的。xpath 的常用语法和示例如表 9.2～表 9.6 所示。

表 9.2　选取节点表达式

表　达　式	描　　述
nodename	选取的节点名
/	从根节点选取
//	选取所有符合条件的节点,而不考虑它们的位置
.	选取当前节点
..	选取当前节点的父节点
@	选取属性

表 9.3　表达式示例

路径表达式	结　　果
/musicstore	选取根元素 musicstore
/musicstore/music	选取属于 musicstore 的子元素的所有 music 元素
//music	选取所有 music 子元素,而不管它们在文档中的位置
/musicstore//music	选择属于 musicstore 元素的后代的所有 music 元素,而不管它们位于 musicstore 之下的什么位置
//@lang	选取名为 lang 的所有属性
/musicstore/music/text()	选取属于 musicstore 的子元素的所有 music 元素的文本

表 9.4　路径表达式谓语示例

路径表达式	结　　果
/musicstore/music［1］	选取属于 musicstore 子元素的第一个 music 元素
//title［@lang］	选取所有拥有名为 lang 的属性的 title 元素
//title［@lang='eng'］	选取所有拥有值为 eng 的 lang 属性的 title 元素
/musicstore/music［price >500.00］	选取 musicstore 元素的所有 music 元素，且其中的 price 元素的值大于 500.00
/musicstore/music［price >500］/title	选取 musicstore 元素中的 music 元素的所有 title 元素，且其中的 price 元素的值须大于 500

表 9.5　未知节点选取

通　配　符	描　　述
*	匹配任何元素节点
@ *	匹配任何属性节点
node()	匹配任何类型的节点

表 9.6　未知节点选取示例

路径表达式	描　　述
/musicstore/ *	选取 musicstore 元素的所有子元素
// *	选取文档中的所有元素
//title［@ * ］	选取所有带有属性的 title 元素

例 9.2：提取出重庆 245 路公交站点的信息。

步骤如下。

(1) 使用 Chrome 检查来定位目标数据；

(2) 找到最容易识别定位的元素进行定位；

(3) 使用 lxml 库来解析 HTML 页面；

(4) 使用待解析对象的 xpath()方法，输入 xpath 语句进行解析；

(5) 将 xpath 解析出来的内容在控制台中输出。

关键代码如下：

```
import requests
from lxml import etree

url = "https://chongqing.8684.cn/x_7fed2b83"
r = requests.get(url)
html = r.text
tree = etree.HTML(html)
bus_stations = tree.xpath("//div[@class = 'bus - lzlist mb15'][1]/ol/li/a/text()")
print(bus_stations)
```

运行结果如图 9.13 所示。

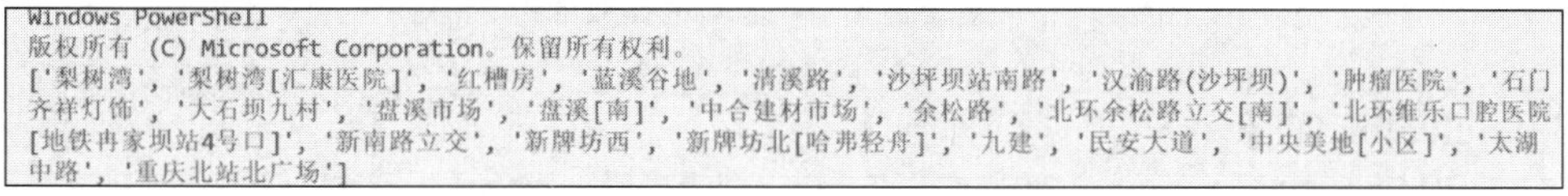

```
Windows PowerShell
版权所有 (C) Microsoft Corporation. 保留所有权利。
['梨树湾', '梨树湾[汇康医院]', '红槽房', '蓝溪谷地', '清溪路', '沙坪坝站南路', '汉渝路(沙坪坝)', '肿瘤医院', '石门齐祥灯饰', '大石坝九村', '盘溪市场', '盘溪[南]', '中合建材市场', '余松路', '北环余松路立交[南]', '北环维乐口腔医院[地铁冉家坝站4号口]', '新南路立交', '新牌坊西', '新牌坊北[哈弗轻舟]', '九建', '民安大道', '中央美地[小区]', '太湖中路', '重庆北站北广场']
```

图 9.13　重庆 245 路公交站点信息

如前所述,在 Scrapy 爬虫框架中使用 xpath 表达式定位网页后,方法返回值的对象类型是 Selector,需调用 extract()方法进一步获取目标数据。

在使用 extract()方法从 Selector 中提取数据时需要注意以下三点。

(1) 使用 xpath 表达式定位网页元素后,调用 extract()方法提取数据,获得的返回值类型是列表。

因为在使用 xpath 表达式定位网页元素时,可能会存在多个符合定位条件的元素。即使只有一个元素符合 xpath 表达式的定位条件,extract()方法也会返回一个只包含一个元素的列表。因此在调用 extract()方法之后还要通过列表索引获得指定的数据。

(2) 使用 xpath 表达式定位网页元素时,可能会因为没有找到符合条件的数据而定位失败。此时调用 extract()方法会获得一个空的列表,对一个空的列表进行索引会引发程序异常。

(3) 如果编写 xpath 表达式时就能够确定网页中只有一个元素匹配或第一个匹配的元素就是目标元素,则可使用 extract_first()方法提取数据。

extract_first()方法提取列表中第一个数据,当 xpath 表达式定位失败时执行 extract_first()方法也不会导致程序异常,而是会返回 none 以表示无法获取有效数据。

例 9.3:从豆瓣电影 Top250 中抓取电影信息,使用 xpath 表达式提取电影的名称并输出在控制台上。

分析如下:在爬虫文件中,构造 xpath 表达式来获取电影的名称并输出到控制台上。使用 xpath 表达式定位电影名称后,再调用 extract()方法提取目标数据,并通过 for 循环输出到控制台上。

关键代码如下所示。

```python
from matplotlib.pyplot import title
import scrapy

class MovieSpider(scrapy.Spider):
    name = 'itcast'
    allowed_domains = ['movie.douban.com']
    start_urls = ['https://movie.douban.com/top250']
    def parse(self, response):
        titles =
            response.xpath('//ol[@class = "grid_view"]//div[@class = "hd"]/a/span[1]/text()')
                                                                .extract()
        print(titles)
```

输出结果如图 9.14 所示。

```
PS D:\project\pythonProject\scrapyProject\deme1> scrapy crawl movie
['肖申克的救赎', '霸王别姬', '阿甘正传', '泰坦尼克号', '这个杀手不太冷', '美丽人生', '千与千寻', '辛德勒的名单', '盗梦空间', '忠犬八公的故事', '星际穿越', '楚门的世界', '海上钢琴师', '三傻大闹宝莱坞', '机器人总动员', '放牛班的春天', '无间道', '疯狂动物城', '大话西游之大圣娶亲', '熔炉', '教父', '当幸福来敲门', '控方证人', '怦然心动', '龙猫']
```

图 9.14 从豆瓣电影 Top250 中抓取的电影信息

9.2.3 Selector 对象

若想使用 Scrapy 的选择器,可以通过 Response 的方法调用,也可以独立使用。使用的方法是直接使用 HTML 构造 Selector 选择器对象,即可调用 xpath()方法使用 xpath 选择器提取 HTML 中的指定数据。构造 Selector 对象时使用关键字参数 text 传入 HTML 源代码。

例 9.4：使用 Scrapy 爬虫框架的 xpath 选择器从以下 HTML 源代码中提取全部标签中的文本信息,并输出到控制台上。

HTML 源代码如下：

```
< html >
    < head >
            < title > Hello World </title >
    </head >
    < body >
        < div >
                < p > Selector Test </p >
        </div >
    < body >
</html >
```

参考代码如下：

```
from scrapy import Selector
body = """
< html >
    < head >
            < title > Hello World </title >
    </head >
    < body >
        < div >
                < p > Selector Test </p >
        </div >
    < body >
</html >
"""
selector = Selector(text = body)
text = selector.xpath("//text()").extract()
print(text)
```

输出结果如图 9.15 所示。

```
['\n        ', '\n         ', 'Hello World', '\n       ', '\n     ', '\n        ', '\n          ',
'Selector Test', '\n        ', '\n   \n']
```

图 9.15　提取 HTML 源代码全部文本

从输出结果中可以看到很多的\n 和空格,这里是因为 xpath 表达式中获取的是全部的标签文本,所以一些用于格式化代码的换行符和空格也显示出来了。

9.2.4　css 选择器

css 选择器与 xpath 选择器都能够实现网页元素的定位,Scrapy 爬虫框架中使用的 css 选择器的底层是由 xpath 选择器实现的。使用 css 选择器直接调用 response 的 css()方法即可,css 选择器通过 css 表达式来定位网页中的信息,css 表达式和 css 属性过滤的说明如表 9.7 和表 9.8 所示。

表 9.7　css 表达式的说明

表　达　式	描　　　　述
*	选取所有节点
# container	选取 id 为 container 的节点

表 达 式	描 述
li a	选取所有 li 标签下的所有 a 标签节点
ul+p	选择 ul 标签后面的第一个 p 标签
div♯container>ul	选择 id 为 container 的 div 标签下的第一个 ul 标签子元素
ul~p	选取与 ul 标签相邻的所有 p 标签
A∷text	获取 a 标签的文本信息
A∷attr(href)	获取 a 标签的 href 属性值

表 9.8　css 属性过滤的说明

表 达 式	描 述
a[title]	选取所有包含 title 属性的 a 标签
a[href="http://..."]	选取所有 href 属性值为 http://...的 a 标签
a[href * ="qq"]	选取所有 herf 属性值中包含 qq 的 a 标签
a[href^="http"]	选取所有 herf 属性值中以 http 开头的 a 标签
a[href $ =".jpg"]	选取所有 href 属性值中以.jpg 结尾的 a 标签
div∶not(♯container)	选取所有 id 属性值不是 container 的 div 标签
li∶nth-child(3)	选取第三个 li 标签
tr∶nth-child(2n)	选取下标为偶数的 tr 标签

在 xpath 表达式中通过//或/表达层级关系,在 css 表达式中使用空格表达式表示标签间的层级关系。

例 9.5:从豆瓣电影 Top250 中抓取第一页的电影信息,使用 css 提取电影的名称并输出到控制台上。

分析如下:构造 css 表达式提取网页中的电影名称。

使用 css 定位电影名称后,使用 extract()方法提取目标数据,并通过 for 循环输出所有列表中的电影名称。

参考代码如下:

```
import scrapy

class DoubanSpider(scrapy.Spider):
    name = 'douban'
    start_urls = ['https://movie.douban.com/top250']

    def parse(self, response):
        titles = response.css('ol.grid_view div.hd a span:nth-child(1)::text').extract()
        for title in titles:
            print(title)
```

运行结果如图 9.16 所示。

获得豆瓣电影 Top250 中第一页列表中的电影信息 xpath 表达式如下:

//ol[@class = "grid_view"]//div[@class = "hd"]/a/span[1]/text()

获得豆瓣电影 Top250 中第一页列表中的电影信息 css 表达式如下:

ol.grid_view div.hd a span:nth-child(1)::text

通过对比可以找出两者的一一对应关系,如表 9.9 所示。

```
肖申克的救赎
霸王别姬
阿甘正传
泰坦尼克号
这个杀手不太冷
美丽人生
千与千寻
辛德勒的名单
盗梦空间
忠犬八公的故事
星际穿越
楚门的世界
海上钢琴师
三傻大闹宝莱坞
机器人总动员
放牛班的春天
无间道
疯狂动物城
大话西游之大圣娶亲
熔炉
教父
当幸福来敲门
控方证人
怦然心动
龙猫
PS D:\project\pythonProject\scrapyProject\douban_scrapy>
```

图 9.16　获取豆瓣电影 Top250 中第一页的电影信息

表 9.9　xpath 与 css 表达式的不同定位方式

xpath 表达式	css 表达式	说　　明
ol[@class="grid_view"]	ol. grid_view	css 属性值为 grid_view 的 ol 标签
div[@class="hd"]	div. hd	class 属性值为 hd 的 div 标签
a/span[1]/text()	a span:nth-child(1)::text	a 标签下的第一个 span 标签下的文本

　　xpath 表达式与 css 表达式没有优劣之分,熟练掌握其中的任意一种都可以完成网页元素的定位。

9.3　多层级网页抓取

　　要实现网站数据的高效抓取,不仅需要爬虫能够抓取设置在 start_urls 属性中的 URL 页面,还要让爬虫实现自我驱动,从而能够按照设定好的程序逻辑将所有符合条件的网页数据都抓取下来。在使用第三方库开发爬虫时一般可通过采用循环等流程控制语句来实现;但在 Scrapy 爬虫框架中,可以用更简便的方式实现多层级页面数据的抓取。

9.3.1　相同结构页面抓取

　　在抓取豆瓣电影 Top250 的列表页面时,网站不会将 250 个电影的列表信息都显示在一个页面里,而是会采用分页的方式将电影列表信息分割成多个页面,如图 9.17 所示。这样可以加快页面的响应速度以提高用户体验,分页是大部分需要显示大量信息的网站普遍采用的一种展现方式。

　　当爬虫抓取当前页的电影列表数据后,要实现抓取更多列表信息就需要翻到下一页。此时在编写爬虫时有两种方式:

　　(1)分析页面代码,结合当前页码提取下一页的网页 URL,相当于在首页时单击图 9.17 中的 2 实现页面跳转;

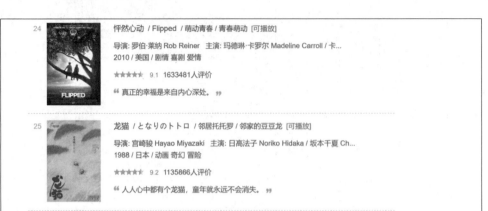

图 9.17　分页效果

(2) 获取"后页>"的 URL 也就获得了下一页的 URL,相当于单击图中"后页>"按钮实现页面跳转。

这两种选择都可以获取下一页的 URL,但显然第二种选择更加通用、简单一些,因为不管当前页面是第几页都可以通过相同的代码获取下一页面的 URL。

在获取了下一页面的 URL 后,在 parse()方法中使用该 URL 构造 Request 对象,然后通过 yield 关键字将 Request 对象作为方法的返回值返回。Request 对象随后会被 Scrapy Engine 获得并转发给 Scheduler 模块进行调度,由 Downloader 模块下载网页代码,最后再传给 parse()方法以完成新页面的解析。

例 9.6：获取豆瓣电影 Top250 全部电影信息,并将电影名称输出到控制台上。

分析如下：

(1) 通过"后页>"获取下一页的 URL;

(2) 将"后页>"中获取 URL 的相对路径的 URL 进行补全;

(3) 在 parse()方法中使用补全后的 URL 构造 Request 对象,并使用 yield()方法将 Request 对象作为方法的返回值返回;

(4) 处理页面到最后一页的情况。

为防止爬虫抓取频率太高而被屏蔽 IP,在 settings.py 中限制爬虫频率。

参考代码如下：

(1) douban.py 文件。

```python
import scrapy

class DoubanSpider(scrapy.Spider):
    name = 'douban'
    start_urls = ['https://movie.douban.com/top250']

    def parse(self, response):
        titles = response.css('ol.grid_view div.hd a span:nth-child(1)::text').extract()
        next_page = response.xpath('//span[@class="next"]/a/@href').extract_first()
        base_url = 'https://movie.douban.com/top250'
        print(titles)
        if next_page:
            yield scrapy.Request(url=base_url + next_page)
```

（2）settings.py文件。

```
BOT_NAME = 'douban_scrapy'
SPIDER_MODULES = ['douban_scrapy.spiders']
NEWSPIDER_MODULE = 'douban_scrapy.spiders'
LOG_LEVEL = 'WARNING'
USER_AGENT = 'Mozilla/5.0 (Windows NT 10.0; Win64; x64) AppleWebKit/537.36 (KHTML, like Gecko)
Chrome/98.0.4758.102 Safari/537.36 Edg/98.0.1108.62'
ROBOTSTXT_OBEY = True
```

输出结果如图9.18所示。

```
['肖申克的救赎','霸王别姬','阿甘正传','泰坦尼克号','这个杀手不太冷','美丽人生','千与千寻','辛德勒的名单','盗梦空间','忠犬八公的故事','星际穿
越','楚门的世界','海上钢琴师','三傻大闹宝莱坞','机器人总动员','放牛班的春天','无间道','疯狂动物城','大话西游之大圣','熔炉','教父','当幸福来敲
门','控方证人','怦然心动','龙猫']
['触不可及','末代皇帝','寻梦环游记','蝙蝠侠:黑暗骑士','活着','哈利·波特与魔法石','指环王3:王者无敌','乱世佳人','素媛','飞屋环游记','摔跤吧!
爸爸','何以为家','我不是药神','十二怒汉','哈尔的移动城堡','少年派的奇幻漂流','鬼子来了','大话西游之月光宝盒','天空之城','猫鼠游戏','天堂电影
院','指环王2:双塔奇兵','闻香识女人','罗马假日','钢琴家']
['让子弹飞','指环王1:护戒使者','黑客帝国','海蒂和爷爷','大闹天宫','辩护人','教父2','死亡诗社','狮子王','绿皮书','搏击俱乐部','饮食男女',
'美丽心灵','本杰明·巴顿奇事','窃听风暴','情书','两杆大烟枪','穿条纹睡衣的男孩','西西里的美丽传说','看不见的客人','拯救大兵瑞恩','飞越疯人院',
'音乐之声','小鞋子','阿凡达']
['海豚湾','沉默的羔羊','哈利·波特与死亡圣器(下)','致命魔术','禁闭岛','美国往事','布达佩斯大饭店','蝴蝶效应','心灵捕手','低俗小说','春光乍泄',
'摩登时代','七宗罪','喜剧之王','致命ID','杀人回忆','被嫌弃的松子的一生','加勒比海盗','功夫','红辣椒','哈利·波特与阿兹卡班的囚徒','超脱','狩
猎','请以你的名字呼唤我','剪刀手爱德华']
['7号房的礼物','勇敢的心','断背山','斯伯虎点秋香','天使爱美丽','第六感','入殓师','幽灵公主','重庆森林','爱在黎明破晓前','哈利·波特与密室','
小森林夏秋篇','———','阳光灿烂的日子','蝙蝠侠:黑暗骑士崛起','菊次郎的夏天','超能陆战队','无人知晓','消失的爱人','完美的世界','爱在日落黄昏时','
小森林冬春篇','倩女幽魂','借东西的小人阿莉埃蒂','甜蜜蜜']
```

图9.18 输出豆瓣电影Top250全部电影名称

上述代码中，下一页面的URL是需要补全后才能使用的。在不同的网站中，有的网站给出的是完整的路径，有的网站给出的是相对路径，在开发爬虫时需要注意网站的实现方式。当涉及翻页操作时一定要做好针对意外情况的处理，否则就可能会出现异常。

如果同一个IP地址短时间内有大量访问，网站会启动防御机制屏蔽该IP，从而对其请求不再响应。因此，为了降低爬虫被屏蔽的概率，可以适当降低访问网站的频率，最基础的方法是在settings.py中配置DOWNLOAD DELAY参数，设置爬虫向网站发出请求的时间间隔，在示例中设置间隔为3s。

9.3.2 不同结构网页数据的抓取

在例9.5中已经实现抓取豆瓣电影Top250中的全部电影名称，但是在列表页面无法获取电影的全部信息。如果还希望获得电影的剧情简介，就需要爬虫进入电影详情页面并从详情页面中提取电影的剧情简介信息。

详情页面的URL可以从列表页面中获取，但是详情页面与列表页面的页面结构不同，所要获取的数据也不同，这时用来处理列表页面的parse()方法并不能用来提取详情页面中的数据，因此，需要指定新的方法来处理详情页面的中的信息。在构造Request对象时添加callback参数以指定当前Request下载结果的处理方法。默认情况下，如果不设置该参数，Request下载数据就会交给parse()方法处理。

例9.7：从豆瓣电影Top250中抓取全部上榜电影信息，并将电影的剧情简介输出到控制台上。

分析如下：

（1）从列表页面中抓取每个电影的详情页面URL；

（2）使用电影详情页面的URL构造Request对象，并指定该Request请求的数据由detail_parse()方法处理；

（3）在detail_parse()方法中编写处理逻辑，提取电影的剧情简介。

参考代码如下:

```python
import scrapy

class DoubanSpider(scrapy.Spider):
    name = 'douban'
    start_urls = ['https://movie.douban.com/top250']

    def parse(self, response):
        detail_pages = response.xpath('//div[@class="hd"]/a/@href').extract()
        titles = response.xpath('//ol[@class=
            "grid_view"]//div[@class="hd"]/a/span[1]/text()').extract()
        brief_comments = response.xpath("//p[@class='quote']/span/text()").extract()
        for index in range(len(titles)):
            detail_page = detail_pages[index]
            title = titles[index]
            brief_comment = brief_comments[index]
            # 构造抓取 detail_page 的 Request,并指定由 parse_detail 处理
            # 通过 meta 传递电影的名字和短评
            yield scrapy.Request(
                    detail_page, callback=self.parse_detail,
                    meta={"title":title, "brief_comment":brief_comment})
        next_page = response.xpath('//span[@class="next"]/a/@href').extract_first()
        base_url = 'https://movie.douban.com/top250'
        if next_page:
            yield scrapy.Request(url=base_url + next_page, callback=self.parse)

    def parse_detail(self, response):
        # 获取 Response 对象中的 meta 字典
        meta = response.meta
        # 获得字符串列表 contents
        contents = response.xpath('//*[@id="link-report"]//text()').extract()
        # 遍历列表中的字符串,并对每个字符串调用 strip()方法,去除掉白空格,生成新的列表
        contents = [content.strip() for content in contents]
        # 将列表拼接成一个字符串
        content = "".join(contents)
        print(meta["title"])
        print(meta["brief_comment"])
        print(content)
```

输出结果如图 9.19 所示。

图 9.19　输出豆瓣电影 Top250 的剧情简介

9.3.3　request 与对应的 response 间的数据传递

获取详情页面的电影名称、剧情简介,并且获得列表页面的一句话影评就必须抓取两个页

面。这时需要使用 Scrapy 爬虫框架中的 meta 实现该需求。meta 的实质是一个字典,使用的方法是在构造 Request 对象时通过构造方法中的 meta 参数赋值,然后在对应的 Response 对象获得 meta 属性中保存数据。

分析如下:

(1)使用 parse()方法从列表页面中抓取电影名称和一句话影评;

(2)构造抓取电影详情页面的 Request 对象时,通过 meta 参数传递电影名称和一句话影评。

(3)使用 detail_parse()方法从 Request 对象中获取 meta 保存的电影名称和一句话影评,并从详情页面获取剧情简介,最后将电影名称、剧情简介、一句话影评输出在控制台。

参考代码如下:

```python
from matplotlib.pyplot import title
import scrapy


class DoubanSpider(scrapy.Spider):
    name = 'douban'
    start_urls = ['https://movie.douban.com/top250']


    def parse(self, response):
        detail_pages = response.xpath('//div[@class = "hd"]/a/@href').extract()
        titles =
            response.xpath(
                '//ol[@class = "grid_view"]//div[@class = "hd"]/a/span[1]/text()').
                extract()
        comments = response.xpath('//p[@class = "quote"]/span/text()').extract()
        for index in range(len(titles)):
            detail_page = detail_pages[index]
            title = titles[index]
            comment = comments[index]
            #构造抓取 detail_page 的 Request,并指定由 parse_detail 处理
            #通过 meta 传递电影的名字和短评
            yield scrapy.Request(detail_page, callback = self.parse_detail,
                                        meta = {"title":title, "comment":comment})
        next_page = response.xpath('//span[@class = "next"]/a/@href').extract_first()
        base_url = 'https://movie.douban.com/top250'
        if next_page:
            yield scrapy.Request(url = base_url + next_page, callback = self.parse)

    def parse_detail(self, response):
        # 获取 Response 对象中的 meta 字典
        meta = response.meta
        #获得字符串列表 contents
        contents = response.xpath('//*[@id = "link-report"]//text()').extract()
        #遍历列表中的字符串,并对每个字符串调用 strip()方法,去除掉空格,生成新的列表
        contents = [content.strip() for content in contents]
        #将列表拼接成一个字符串
        content = "".join(contents)
```

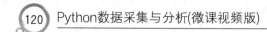

```
print('电影名称: ',meta["title"])
print('影评:',meta["comment"])
print('剧情简介: ',content)
```

输出结果如图 9.20 所示。

D: \project\pythonProject\scrapyProject\douban_scrapy>scrapy crawl douban

电影名称: 龙猫

影评: 人人心中都有个龙猫, 童年就永远不会消失。

剧情简介: 小月的母亲生病住院了, 父亲带着她与四岁的妹妹小梅到乡间去居住。她们对那里的环境都感到十分新奇, 也发现了很多有趣的事情。她们遇到了很多小精灵, 她们来到属于她们的环境中, 看到了她们世界中很多的奇怪事物, 更与一只大大胖胖的龙猫成为了朋友。龙猫与小精灵们利用他们的神奇力量, 为小月与妹妹带来了很多神奇的景观, 令她们大开眼界。妹妹小梅常常挂念生病中的母亲, 嚷着要姐姐带着她去看母亲, 但小月拒绝了。小梅竟然自己前往, 不料途中迷路了, 小月只好寻找她的龙猫及小精灵朋友们帮助。©豆瓣

电影名称: 怦然心动

影评: 真正的幸福是来自内心深处。

剧情简介: 布莱斯(卡兰•麦克奥利菲, Callan McAuliffe饰)全家搬到小镇, 邻家女孩朱丽(玛德琳•卡罗尔, Madeline Carroll饰)前来帮忙。她对他一见钟情, 心愿是获得他的吻。两人是同班同学, 一直想方设法接近他, 但是他避之不及。她喜欢爬在高高的梧桐树上看风景。但因为施工, 树被要被砍掉, 她誓死捍卫, 希望他并肩作战, 但是他退缩了。她的事迹上了报纸, 外公对她颇有好感, 令他十分困惑。她凭借鸡下蛋的项目获得了科技展第一名, 成了全场焦点, 令他黯然失色。她把自家鸡蛋送给他, 他听家人怀疑她家鸡蛋不卫生, 便偷偷把鸡蛋丢掉。她得知真相, 伤伤心, 两人关系跌入冰点。她跟家人诉说, 引发争吵。原来父亲一直攒钱照顾傻弟弟, 所以生活拮据。她理解了父母, 自己动手, 还得到了他外公的鼎力相助。他向她道歉, 但是并未解决问题。他开始关注她。鸡蛋风波未平, 家庭晚宴与午餐男孩评选...(展开全部)©豆瓣

图 9.20　使用 meta 传递数据

第三篇
Python数据分析

第10章

pandas库

Python 数据分析需要掌握三大技术：一是 Jupyter 代码编辑器的应用，前几章内容的代码交互很多都是在该工具中完成的，它是一款专门为数据分析而打造的编辑器；二是 pandas 库；三是数据分析的标准流程。

Jupyter 代码编辑器中，代码的输入及运行结果的输出都是在 Cell 中进行的，Cell 一共由两个部分组成：In[ ] 和 Out[ ]，即输入框和输出框。在 Jupyter 代码编辑器中，只需输入变量名就可以查看变量值，无须使用 print()语句。

Jupyter 代码编辑器中，当前的 Cell 可以沿用之前 Cell 的运算结果，也就是变量的值是可以传递的。

图 10.1 中，In[1]、Out[1]表示第一个输入及输出，单击"＋"按钮可以增加一个 Cell，编辑好的代码可以通过单击"运行"按钮来运行。

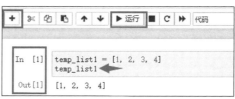

图 10.1　Jupyter 运行界面

pandas 库专门用来解决数据分析的相关问题，它具有两大优势：一是速度快，能快速处理大型数据集；二是效率高，它提供大量高效处理数据的函数和方法。

10.1　pandas 库的数据结构

pandas 库提供两种数据结构，分别为 Series 和 DataFrame。

10.1.1　Series 数据结构

Series(序列)类似于一维数组，由一组数据及其对应的索引组成，以下代码就是创建一个名为 s 的 Series，如图 10.2 所示，如果用 type(s)，其输出结果为 pandas. core. series. Series。在默认情况下，pd. Series(data) 会自动为列表中的每一个元素分配对应的数字索引。

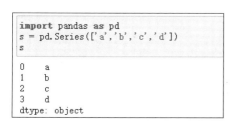

```
import pandas as pd
s = pd.Series(['a','b','c','d'])
s

0    a
1    b
2    c
3    d
dtype: object
```

图 10.2　创建一个 Series 数据 s

小贴士

（1）s ＝ pd. Series(['a','b','c','d'])中的 Series

开头的字母必须为大写;

(2)该语句中括号里面可以是一个列表,还可以是字典、标量、n维数组、字符串等。

例 10.1:现有两个列表:temp_list1 $= [1, 2, 3, 4]$ 及 temp_list2 $= [5, 6, 7, 8]$,要求创建一个新列表,其中元素是这两个列表的对应元素之和。

一般情况下,可能会将代码写成如下形式:

```
temp_list1 = [1, 2, 3, 4]
temp_list2 = [5, 6, 7, 8]
temp_list_new = []
for i in range(0,4):
    temp_list_new[i] = temp_list1[i] + temp_list2[i]
```

但运行该段代码,会提示如图 10.3 所示的错误信息。

```
IndexError                              Traceback (most recent call last)
<ipython-input-14-46ca7d778c5f> in <module>
      3 temp_list_new = []
      4 for i in range(0, 4):
----> 5     temp_list_new[i] = temp_list1[i]+temp_list2[i]

IndexError: list assignment index out of range
```

图 10.3　将两个列表对应位置元素求和赋给一个空列表产生的错误信息

其原因在于 temp_list_new $= []$ 的长度为 0,而其他 2 个列表的长度为 4,在对相应索引的元素进行求和时,就会"越界"或超出范围。

解决方法一:用列表的 append()方法,如图 10.4 所示。

```
for i in range(0,min(len(temp_list1),len(temp_list2))):
    temp_list_new.append(temp_list1[i] + temp_list2[i])
temp_list_new

[6, 8, 10, 12]
```

图 10.4　用 append()方法给一个空列表添加元素

解决方法二:建立一个有固定长度的空列表,如图 10.5 所示。

```
temp_list_new = [list() for i in range(0,4)]
for i in range(0,min(len(temp_list1),len(temp_list2))):
    temp_list_new[i] = temp_list1[i]+temp_list2[i]
temp_list_new

[6, 8, 10, 12]
```

图 10.5　通过建立一个有固定长度的空列表来进行复制

在图 10.5 所示的代码中,如果执行 len(temp_list_new)代码,输出结果为 4,即 temp_list_new 列表的长度为 4。

解决方法三:直接求和赋给新列表,如图 10.6 所示。

```
for i in range(0,min(len(temp_list1),len(temp_list2))):
    temp_list_new = [temp_list1[i]+temp_list2[i] for i in range(min(len(temp_list1),len(temp_list2)))]
temp_list_new

[6, 8, 10, 12]
```

图 10.6　直接求和赋给新列表

解决方法四:用 Series 来进行求和,如图 10.7 所示。

```
temp_list1 = [1, 2, 3, 4]
temp_list2 = [5, 6, 7, 8]
temp_list_new = pd.Series(temp_list1) + pd.Series(temp_list2)
temp_list_new

0     6
1     8
2    10
3    12
dtype: int64
```

图 10.7　用 Series 来进行求和

10.1.2　Series 的创建方法

（1）通过字典创建，其语法为：pd.Series(dict)，如图 10.8 所示。

```
dic = {'a':1,'b':2,'c':3,'1':'hello','2':'python','3':[1,2]}
s = pd.Series(dic)
print(s, type(s))

a index     1        value
b           2
c           3
1    hello
2    python
3    [1, 2]
dtype: object <class 'pandas.core.series.Series'>
```

图 10.8　通过字典创建 Series

（2）通过数组（ndarray）创建，其语法为：pd.Series(ndarray,index,name)，其中，参数 index 是 Series 的标签；name 是 Series 的名称，默认为 None，可以用 rename() 来更改，更改后生成新的 Series，不改变原来的 Series，如图 10.9 所示。

```
import numpy as np

s = pd.Series(np.random.randint(1,10,size=(3,)),index=['a','b','c'],name='test')
print(s, type(s))
s1 = s.rename('excel')
print(s1)

a    1
b    6
c    2
Name: test, dtype: int32 <class 'pandas.core.series.Series'>
a    1
b    6
c    2
Name: excel, dtype: int32
```

图 10.9　通过数组（ndarray）创建 Series

（3）通过标量创建，如图 10.10 所示。

```
s = pd.Series(5,index = range(5))
print(s)

0    5
1    5
2    5
3    5
4    5
dtype: int64
```

图 10.10　通过标量创建 Series

10.1.3　Series 的索引和切片

(1) 位置下标索引,如图 10.11 所示。

```
s = pd.Series(np.random.rand(5))
print(s)
print(s[1:2])        #用下标做切片索引不包含末端

0    0.701623
1    0.830620
2    0.414058
3    0.483786
4    0.741124
dtype: float64
1    0.83062
dtype: float64
```

图 10.11　Series 的位置下标索引

(2) index 标签索引,如图 10.12 所示。

```
s = pd.Series(np.random.rand(5), index = list('abcde'))
print(s)
print(s['a':'b'])    #用index做索引包含末端

a    0.895121
b    0.114312
c    0.380971
d    0.770213
e    0.845702
dtype: float64
a    0.895121
b    0.114312
dtype: float64
```

图 10.12　Series 的 index 标签索引

视频讲解

10.1.4　Series 的几种操作

(1) 添加元素,如图 10.13 所示。

```
s = pd.Series(np.random.rand(3))
s[4] = 0.11111                              #直接通过下标添加
s['new_added'] = 0.33333                    #直接通过index索引添加
s1 = pd.Series(np.random.rand(2), index = list('ab'))
s2 = s.append(s1)                           #通过append()添加
print(s2)

0            0.198313
1            0.091845
2            0.097159
4            0.111110
new_added    0.333330
a            0.662446
b            0.030444
dtype: float64
```

图 10.13　Series 添加元素的三种方法

(2) 删除元素,在图 10.13 中数据 s2 的基础上,执行图 10.14 中所示代码。

(3) 修改元素,如图 10.15 所示。

(4) 数据查看:head()方法是查看前几行的数据,默认是 5 行;tail()方法是查看后几行的数据,默认也是 5 行。

```
del s2['a']                              #del删除
print(s2)
s3 = s2.drop(['b','new_added'])  #用drop()删除，将生成一个新的Series
print(s3)
```

```
0            0.837527
1            0.395264
2            0.728068
4            0.111110
new_added    0.333330
b            0.418943
dtype: float64
0    0.837527
1    0.395264
2    0.728068
4    0.111110
dtype: float64
```

图 10.14　删除 Series 中的数据

```
s3[2] = 0.666666              #通过下标直接修改
s3['a'] = 0.777777
s3['b'] = 0.999999
print(s3)
s3['a','b'] = 0.222222      #通过index索引修改
print(s3)
```

```
0    0.837527
1    0.395264
2    0.666666
4    0.111110
a    0.777777
b    0.999999
dtype: float64
0    0.837527
1    0.395264
2    0.666666
4    0.111110
a    0.222222
b    0.222222
dtype: float64
```

图 10.15　修改 Series 中的元素

（5）去重操作，如图 10.16 所示。

```
dic = {"A":1,"B":2,"C":3,"D":2}
s1 = pd.Series(dic)            #将字典转换为Series数据
s = s1.unique()                #unique()去重，原s并未修改，该结果返回的是一维数组
print(s)
type(s)
```

```
[1 2 3]

numpy.ndarray
```

图 10.16　去重操作

（6）缺失值检验，查看 Series 中哪些是 NaN，用到两个函数：s.notnull()，若不为空则返回 True，若为空则返回 False；s.isnull()，若不为空则返回 False，若为空则返回 True。

10.1.5　DataFrame 数据结构

DataFrame 对象是一种表格型的数据结构，包含行索引、列索引以及一组数据。创建 DataFrame 对象的方法是：pd.DataFrame(data)。

视频讲解

当给参数 data 传入字典时,字典的键会变成 DataFrame 对象的列索引,字典的键所对应的值会变成 DataFrame 对象的数据。行索引则默认是 0,1,2,…。需要注意的是,字典的各键值长度一定要相等。

例 10.2:创建 DataFrame 对象。

打开 Jupyter,在 Cell 中输入以下代码,其中"成绩"代表"Python 数据采集与分析"课程的最终考试分数。

```
import pandas as pd
py_grade = pd.DataFrame({'班级': ['1', '1', '1', '1', '1', '2', '2', '2', '2', '2'],
                        '性别': ['男', '男', '女', '女', '女', '男', '男', '男', '女', '女'],
                        '专升本': ['是', '否', '是', '否', '是', '是', '是', '否', '否', '否'],
                        '成绩': [96, 90, 87, 85, 88, 86, 87, 89, 92, 95]})
py_grade
```

该段代码中的数据:{'班级': ['1', '1', '1', '1', '1', '2', '2', '2', '2', '2'],
　　　　　　　　'性别': ['男', '男', '女', '女', '女', '男', '男', '男', '女', '女'],
　　　　　　　　'专升本': ['是', '否', '是', '否', '是', '是', '是', '否', '否', '否'],
　　　　　　　　'成绩': [96, 90, 87, 85, 88, 86, 87, 89, 92, 95]}

即为一个字典,字典中每一个键值的长度均为 10。在 Jupyter 中的输出结果如图 10.17 所示。

	班级	性别	专升本	成绩
0	1	男	是	96
1	1	男	否	90
2	1	女	是	87
3	1	女	否	85
4	1	女	是	88
5	2	男	是	86
6	2	男	是	87
7	2	男	否	89
8	2	女	否	92
9	2	女	否	95

图 10.17　生成的 DataFrame 对象

小贴士

如果在代码运行中,出现以下错误提示信息:no module named pandas,则表明未安装 pandas 模块。解决方法是在命令行中输入 pip install pandas 并运行,或直接在 Jupyter 中输入!pip install pandas(在 Jupyter 中执行 pip install [moduleName]命令时需要在前面加一个"!")。然后再次运行之前的代码,问题即可解决。

知识点 1:要创建一个 DataFrame 对象,可以将一个字典传给 DataFrame()的参数 data。

输入以下代码:

```
import pandas as pd
dict_1 = {'岗位': ['平面设计师', '3D 设计师', '工程业务经理'], '需求人数': [2, 2, 5], '基本薪资': [6000, 6000,3000]}
jobs_df = pd.DataFrame(dict_1)
jobs_df
```

运行结果如图 10.18 所示。

以字典作为数据传入时,字典的键会作为 DataFrame 对象的列名显示,而字典的值会作为对象的列数据显示。

知识点 2:要创建一个 DataFrame 对象,还可以将一个嵌套列表传给 DataFrame()的参数 data。

以嵌套列表作为数据传入时,列表的元素会作为 DataFrame 对象的行数据显示,且会为数据默认生成从 0 开始的列名。

	岗位	需求人数	基本薪资
0	平面设计师	2	6000
1	3D设计师	2	6000
2	工程业务经理	5	3000

图 10.18　以字典作为数据传入创建 DataFrame 对象

输入如下代码：

```
position_info = [
    ['展会招商经理',20,3000],
    ['品牌总监',1,20000],
    ['平面设计见习师',2,3000],
    ['3D设计见习师',2,3000]
]
position_df = pd.DataFrame(position_info)
position_df
```

	0	1	2
0	展会招商经理	20	3000
1	品牌总监	1	20000
2	平面设计见习师	2	3000
3	3D设计见习师	2	3000

图 10.19 以嵌套列表作为数据传入创建 DataFrame 对象

运行结果如图 10.19 所示。

可以发现，嵌套列表默认生成的列名不能很好地表达出每列数据的含义。

知识点 3：当采用嵌套列表创建 DataFrame 对象时，可以借助 DataFrame()的参数 columns 来设置列名。

输入以下代码：

```
position_df = pd.DataFrame(position_info,columns = ['岗位','需求人数','基本薪资'])
position_df
```

运行结果如图 10.20 所示。

注：参数 columns 的值可以是一个列表，该列表的长度需与传入 DataFrame() 的列表的元素长度一致。这里 columns 的长度为 3。

知识点 4：可以通过 columns 参数来修改列名。

输入以下语句：

```
position_df.columns = ['招聘岗位','招聘人数','基本薪资']
position_df
```

运行结果如图 10.21 所示。

	岗位	需求人数	基本薪资
0	展会招商经理	20	3000
1	品牌总监	1	20000
2	平面设计见习师	2	3000
3	3D设计见习师	2	3000

图 10.20 通过 DataFrame()类的参数 columns 来设置列名

	招聘岗位	招聘人数	基本薪资
0	展会招商经理	20	3000
1	品牌总监	1	20000
2	平面设计见习师	2	3000
3	3D设计见习师	2	3000

图 10.21 通过 DataFrame()类的参数 columns 来修改列名

10.1.6 DataFrame 数据排序

例 10.3：如果要按基本薪资的高低对数据进行升序排序，该如何实现？

相应代码为：

```
sorted_position = position_df.sort_values(by = '基本薪资')
sorted_position
```

视频讲解

输出结果如图 10.22 所示。

如果不想对上面的数据集进行排序，只想提取出"基本薪资"列，单独进行排序，则代码如图 10.23 所示。

从排序后的数据可以看出，排序后的行索引不再有序，而是混乱的。

Python数据采集与分析(微课视频版)

图 10.22　按"基本薪资"升序排序

```
position_df['基本薪资'].sort_values()
0      3000
2      3000
3      3000
1     20000
Name: 基本薪资, dtype: int64
```

图 10.23　提取出"基本薪资"列并单独进行排序

例 10.4：如何解决索引混乱的问题？

要解决索引混乱的问题，需要学习一个新的知识点——重置索引。请看以下代码：

```
position_reset = sorted_position.reset_index(drop = True)
    position_reset
```

运行结果如图 10.24 所示。

上述代码中 drop 参数的用法如表 10.1 所示。

图 10.24　重置索引

表 10.1　drop 参数的用法

参　　数	说　　明	示　　例
drop	布尔值，默认为 False。当值为 False 时，保留原索引；当值为 True 时，把原来的索引去掉	data.reset_index(drop=True)

例 10.5：如何在 DataFrame 中新增或删除一列。

直接指明列名，然后赋值即可。见以下代码：

```
position_reset['工作年限要求'] = [2.5, 1, 2.5, 5]
```

运行结果如图 10.25 所示。

图 10.25　新增列"工作年限要求"

如果要在"基本薪资"和"工作年限要求"之间插入一列，并命名为"工作职责"，又该如何操作？

执行以下代码：

```
position_reset.insert(3, '岗位职责', ['展会招商、客情维护等', '海报设计、文案排版等', '效果图设计、施工图绘制等', '品牌策划、品牌宣传等'])
position_reset
```

插入列的语法为：

```
DataFrame.insert(loc, column, value, allow_duplicates = False)
```

其中，loc 表示插入列的位置，其范围为 $0 \leqslant loc \leqslant len(columns)$。

假设插入后的 DataFrame 数据如图 10.26 所示。

图 10.26　在 DataFrame 中插入"岗位职责"列

此时如果要删除"工作职责"列,又该如何操作?

删除列的语法为:

```
DataFrame.drop(column,axis = 1)
```

注:如果不加 axis＝1,则默认为删除行。

当执行以下语句:

```
position_reset.drop(['岗位职责'],axis = 1)
position_reset
```

发现 DataFrame 中的数据仍然没有变化,如图 10.27 所示。

	招聘岗位	招聘人数	工作职责	岗位职责	基本薪资	工作年限要求
0	展会招商经理	20	展会招商、客情维护等	展会招商、客情维护等	3000	2.5
1	平面设计见习师	2	海报设计、文案排版等	海报设计、文案排版等	3000	1.0
2	3D设计见习师	2	效果图设计、施工图绘制等	效果图设计、施工图绘制等	3000	2.5
3	品牌总监	1	品牌策划、品牌宣传等	品牌策划、品牌宣传等	20000	5.0

图 10.27　inplace 参数取默认值 False 时不能真正执行删除操作

此时需要加上 inplace 参数并设置其为 True,否则不会在 DataFrame 对象上做改动。将语句调整为:

```
position_reset.drop(['岗位职责'],axis = 1, inplace = True)
position_reset
```

再观察数据的变化情况,发现已经将"岗位职责"列及其数据全部删除,如图 10.28 所示。

	招聘岗位	招聘人数	工作职责	基本薪资	工作年限要求
0	展会招商经理	20	展会招商、客情维护等	3000	2.5
1	平面设计见习师	2	海报设计、文案排版等	3000	1.0
2	3D设计见习师	2	效果图设计、施工图绘制等	3000	2.5
3	品牌总监	1	品牌策划、品牌宣传等	20000	5.0

图 10.28　置 inplace 为 True 时删除操作成功

观察上述数据,如果想对工作年限四舍五入,该如何操作? 此时需要用到 round()函数。如果输入以下代码:

```
position_reset['工作年限要求'] = round(position_reset['工作年限要求'])
position_reset
```

输出的结果如图 10.29 所示。

	招聘岗位	招聘人数	工作职责	基本薪资	工作年限要求
0	展会招商经理	20	展会招商、客情维护等	3000	2.0
1	平面设计见习师	2	海报设计、文案排版等	3000	1.0
2	3D设计见习师	2	效果图设计、施工图绘制等	3000	2.0
3	品牌总监	1	品牌策划、品牌宣传等	20000	5.0

图 10.29　round()函数执行四舍五入操作

"工作年限"中的 2.5 都变成了 2.0,这是什么原因呢?

原来 Python 中 round()函数用的是银行家舍入算法。美国银行家发现传统四舍五入算法存在误差,于是发明了银行家舍入算法。该算法的核心为:若舍去位的数值小于 5,则直接舍去。若舍去位的数值大于或等于 6,则进位舍去。若舍去位的数值等于 5,分为两种情况:若 5 后面还有其他非 0 数字,则进位后舍去;若 5 后面是 0,则根据 5 前一位数的奇偶性来判断是否需要进位,奇数进位,偶数舍去。

测试以下 round()函数的输出结果分别是什么:round(1.5)、round(1.56)、round(1.52)、round(1.6)、round(3.5)、round(4.5)、round(2.52)

正确的输出结果为:2、2、2、2、4、4、3。

10.1.7 Series 对象和 DataFrame 对象的联系

Series 对象和 DataFrame 对象之间的联系就在于:DataFrame 对象可以被看作是由 Series 对象所组成的。

通过 df['列索引'] 这个方法提取出来的数据,就是一个 Series 对象,如图 10.30 所示。

```
grade = py_grade['班级']
type(grade)

pandas.core.series.Series
```

图 10.30 DataFrame 对象可看作由 Series 对象组成

视频讲解

10.2 分组聚合操作

分组聚合操作根据其分组方式不同分为**单层分组聚合**和**多层分组聚合**。单层分组聚合是针对某一个列或组进行聚合操作的。

10.2.1 groupby()方法的应用

对数据进行分组操作的过程可以概括为 split→apply→combine 三步。

(1) 按照键值(key)或者分组变量将数据分组。

(2) 对于每组应用相应函数,可以是 Python 自带的函数,也可以是自己编写的函数。

(3) 将函数计算后的结果聚合。

先来看一段示例代码(参考 https://blog.csdn.net/guoyang768/article/details/86174960):

```
import pandas as pd
import numpy as np

df = pd.DataFrame({'key1':['a','a','b','b','a'],
                   'key2':['one','two','one','two','one'],
                   'data1':np.random.randn(5),
                   'data2':np.random.randn(5)})
```

运行结果如图 10.31 所示。

图 10.31 中有两组数据 data1、data2,有两组键值 key1、key2。

例 10.6:如何实现按 key1 进行分组,并求 data1、data2 的平均值?

	key1	key2	data1	data2
0	a	one	-1.525582	-0.208095
1	a	two	-1.270803	0.240762
2	b	one	0.285485	-1.532875
3	b	two	2.588535	0.982945
4	a	one	-0.780184	-1.004568

图 10.31 需要进行分组聚合操作的原始示例数据

当输入以下代码：

```
grouped_1 = df.groupby('key1')
grouped_1
```

出现的运行信息为：< pandas. core. groupby. generic. DataFrameGroupBy object at 0x000001C8853362E0 >，这一步并没有进行任何计算，仅仅用 key1 分组并创建了一个 GroupBy 对象，后面函数的任何操作都是基于这个对象的。

再输入：

```
grouped_1 = df.groupby('key1').mean(['data1','data2'])
grouped_1
```

运行结果如图 10.32 所示。

图 10.32 是按 key1 的值进行分组，得到与 a 对应的 data1 同组元素有 $-1.525\,582$，$-1.270\,803$，$-0.780\,184$，对这 3 个数求均值的结果为 $-1.192\,19$；与 b 对应的 data1 同组元素有 $0.285\,485$，$2.588\,535$，对这 2 个数求均值的结果为 $1.437\,01$。

类似地，也可以求出按 key2 进行分组聚合操作求平均数的结果，如图 10.33 所示。

	data1	data2
key1		
a	-1.19219	-0.323967
b	1.43701	-0.274965

图 10.32 按 key1 进行分组聚合操作求平均数的运行结果

	data1	data2
key2		
one	-0.137003	0.268706
two	-0.316766	-0.805516

图 10.33 按 key2 进行分组聚合操作求平均数的运行结果

10.2.2 单层分组聚合

例 10.7：如何查看每个班级"Python 数据采集与分析"课程的平均分？

Python 提供的分组聚合操作方法如表 10.2 所示。

表 10.2　Python 提供的分组聚合操作方法

方　　法	功　　能	说　　明
min()	计算最小值	
max()	计算最大值	
std()	计算标准差	
mean()	计算平均值	数据总和除以数据个数
median()	计算中位数	一组数据中处于中间位置的数
sum()	求总和	计算一组数据的总和
count()	计数	计算一组数据中非空数据的个数
value_counts()	频数统计	一组数据中各个类别（数据）出现的频次

求平均分需要用到表 10.2 中的 mean() 方法，这里要求的是每个班级的该门课程的平均分，需要首先按班级进行分组。

参考代码为：

```
# 对班级进行分组聚合操作
mean_grade = py_grade.groupby('班级')['成绩'].mean()
# 查看 mean_grade
mean_grade
```

运行结果如图 10.34 所示。

```
In  [17]: # 对班级进行分组聚合操作
          mean_grade = py_grade.groupby('班级')['成绩'].mean()
          # 查看mean_grade
          mean_grade

Out[17]: 班级
          1    85.2
          2    87.8
          Name: 成绩, dtype: float64
```

图 10.34　分组聚合求平均分操作

这里需要用到一个 groupby(by)方法,如果是对班级进行分组,就需要将列索引"班级"传给参数 by。groupby('班级')完成分组操作,['成绩'].mean()完成聚合操作,即是对**"成绩"**求平均值。

类似地,如果是要求不同性别学生该门课程成绩的中位数,则需要按"性别"列索引进行分组,聚合函数则为 median()。

相应参考代码及运行结果如图 10.35 所示。

```
In  [18]: median_grade = py_grade.groupby('性别')['成绩'].median()
          median_grade

Out[18]: 性别
          女    87
          男    87
          Name: 成绩, dtype: int64
```

图 10.35　分组聚合求中位数操作

同样,也可以只对例 10.3 中按 key1 或 key2 进行分组,求出 data1 或 data2 的均值,参考代码为:

```
df_1 = df.groupby('key1')['data1'].mean()
```

10.2.3　多层分组聚合操作

前面的操作是按**一个列**进行索引的,如果要求**不同班级**、**不同性别**(多列)学生的平均分,则需要用到多层分组聚合操作。

多层分组聚合和单层分组聚合相比,代码是相同的,都是 df.groupby(by)['列索引'].mean(),不同之处在于多层分组聚合操作的索引至少有两层。在执行多层分组聚合操作时,需要将多个列索引以**列表容器**的形式传给参数 by。

图 10.36 是按"班级""性别"进行多层分组聚合求平均分的参考代码及运行结果,这里将"班级""性别"以列表容器['班级','性别']的形式传给参数 by。

```
In  [19]: gc_grade = py_grade.groupby(['班级','性别'])['成绩'].mean()
          gc_grade

Out[19]: 班级  性别
          1   女    83.333333
              男    88.000000
          2   女    93.500000
              男    84.000000
          Name: 成绩, dtype: float64
```

图 10.36　多层分组聚合操作

10.2.4 聚合操作 agg()方法的应用

groupby()方法是基于行的操作,而 agg()方法则是基于列的操作。

例 10.8:图 10.37 为上海各景区某时间节点客流量数据,其中 NUM 列有一些为"-"的异常数据,需要将其统一替换为 0,并求出最大客流量。

NAME	TIME	NUM
上海国际旅游度假区	2018/9/1 8:06:00	5933
东方明珠广播电视塔	2018/9/1 8:09:46	68
上海都市菜园景区	2018/9/1 8:30:00	20
碧海金沙景区	2018/9/1 8:30:00	-
上海鲜花港	2018/9/1 8:30:00	-
上海市青少年校外活动营地——东方绿舟	2018/9/1 8:30:00	23
上海嘉定州桥	2018/9/1 8:45:00	2874
上海宏泰园	2018/9/1 8:45:00	53
上海马陆葡萄艺术村	2018/9/1 8:45:00	143
华亭人家·毛桥村	2018/9/1 8:45:00	-
上海滨海森林公园	2018/9/1 8:46:20	-

图 10.37 上海各景区某时间节点客流量数据

步骤一:生成 DataFrame 数据。输入以下代码:

```
import pandas as pd
t_data = {'Name':['上海国际旅游度假区',
                  '东方明珠广播电视塔',
                  '上海都市菜园景区',
                  '碧海金沙景区',
                  '上海鲜花港',
                  '上海市青少年校外活动营地-东方绿舟',
                  '上海嘉定州桥',
                  '上海宏泰园',
                  '上海马陆葡萄艺术村',
                  '华亭人家.毛桥村',
                  '上海滨海森林公园'],
          'Time':['2018/9/1 8:06:00',
                  '2018/9/1 8:09:46',
                  '2018/9/1 8:30:00',
                  '2018/9/1 8:30:00',
                  '2018/9/1 8:30:00',
                  '2018/9/1 8:30:00',
                  '2018/9/1 8:45:00',
                  '2018/9/1 8:45:00',
                  '2018/9/1 8:45:00',
                  '2018/9/1 8:45:00',
                  '2018/9/1 8:45:00'],
          'Num':[5933,68,20,'-','-',23,2874,53,143,'-','-']
          }

t_df = pd.DataFrame(t_data)
t_df
```

运行结果如图 10.38 所示。

步骤二:定义函数 replace_info(),用来判断 Num 列的值是否为"一",若是则替换并返回 0,若不是则返回原值。输入以下代码:

```
def replace_info(data):
    if data == '-':
        data = 0
    return data
```

	Name	Time	Num
0	上海国际旅游度假区	2018/9/1 8:06:00	5933
1	东方明珠广播电视塔	2018/9/1 8:09:46	68
2	上海都市菜园景区	2018/9/1 8:30:00	20
3	碧海金沙景区	2018/9/1 8:30:00	-
4	上海鲜花港	2018/9/1 8:30:00	-
5	上海市青少年校外活动营地-东方绿舟	2018/9/1 8:30:00	23
6	上海嘉定州桥	2018/9/1 8:45:00	2874
7	上海宏泰园	2018/9/1 8:45:00	53
8	上海马陆葡萄艺术村	2018/9/1 8:45:00	143
9	华亭人家.毛桥村	2018/9/1 8:45:00	-
10	上海滨海森林公园	2018/9/1 8:45:00	-

图 10.38　生成的 DataFrame 数据

步骤三：使用 agg() 方法，将 Num 列的数据依次传给函数 replace_info()，完成内容的替换。输入以下代码：

```
t_df['Num'] = t_df['Num'].agg(replace_info)
t_df
```

运行结果如图 10.39 所示。

	Name	Time	Num
0	上海国际旅游度假区	2018/9/1 8:06:00	5933
1	东方明珠广播电视塔	2018/9/1 8:09:46	68
2	上海都市菜园景区	2018/9/1 8:30:00	20
3	碧海金沙景区	2018/9/1 8:30:00	0
4	上海鲜花港	2018/9/1 8:30:00	0
5	上海市青少年校外活动营地-东方绿舟	2018/9/1 8:30:00	23
6	上海嘉定州桥	2018/9/1 8:45:00	2874
7	上海宏泰园	2018/9/1 8:45:00	53
8	上海马陆葡萄艺术村	2018/9/1 8:45:00	143
9	华亭人家.毛桥村	2018/9/1 8:45:00	0
10	上海滨海森林公园	2018/9/1 8:45:00	0

图 10.39　替换后的 Num 列数据

可以发现已替换成功。

步骤四：求最大值。输入以下代码：

```
t_df.agg({'Num':'max'})
```

运行结果如图 10.40 所示。

方法 agg() 中的参数 func 可以为自定义的函数名，传入自定义的函数时，只需要写上函数名，不需要加上括号以及函数的参数。例如上述代码中的：

```
Num    5933
dtype: int64
```

图 10.40　求出的 Num 列的最大值

```
t_df['Num'] = t_df['Num'].agg(replace_info)
```

第11章

matplotlib数据可视化

数据可视化可以利用人对形状、颜色的感官敏感,有效地传递信息,帮助用户更直观地从数据中发现关系、规律、趋势。通过数据可视化可以将枯燥的数据变得生动,让用户更容易理解。

Python 中常用到的几个第三方可视化库有 pandas、matplotlib 以及 seaborn,如图 11.1 所示。

本书选择 matplotlib 库进行数据可视化操作。matplotlib 库相较于 pandas 以及 seaborn 绘图工具更为底层,因此,matplotlib 库中的绘图函数、参数相对更多,可以根据自己的风格自由选择。

图 11.1 Python 中常用到的 3 个可视化库

11.1 图形绘制的一般步骤

视频讲解

1. 导入 pyplot 模块

matplotlib 绘图过程中并不是直接使用 matplotlib 库本身,而是用 matplotlib 库中的一个模块:pyplot。

导入语句为:from matplotlib import pyplot as plt。

2. 画布生成

生成画布用到的是 pyplot 模块下的 figure()函数,即 plt.figure()。其中的参数 figsize 可以控制画布的长和宽,一般用元组的形式进行赋值。

输入以下代码:

```
plt.figure(figsize = (6, 6))
```

输出结果如图 11.2 所示。

```
<Figure size 432x432 with 0 Axes>
<Figure size 432x432 with 0 Axes>
```

图 11.2 利用 figure()函数生成指定
大小的画布

图 11.2 表示生成了一个空白的画布对象,该画布大小为 6in×6in,默认分辨率为 72 像素/英寸,所以像素为 432×432。

如果要将 Jupyter 生成的图形保存到本地,可以用 **plt. savefig()** 对画布进行保存,这里只需要设置它的路径参数。

3. 设置 x/y 坐标值

在绘制图表时,先确定好坐标点,再用绘图函数生成折线图、柱状图等图表。

x 是指坐标点的横坐标(简称 x 坐标值),y 是指坐标点的纵坐标(简称 y 坐标值),例如 $x = (x_1, x_2, x_3, \cdots, x_n)$,$y = (y_1, y_2, y_3, \cdots, y_n)$。

以 Series 对象为例设置 x、y 坐标值。

运行以下代码:

```
x = pd.Series(['第一季度', '第二季度', '第三季度', '第四季度'])
y = pd.Series([160, 200, 180, 155])
```

4. 绘制图形

绘制折线图需要用到 plt.plot() 函数,该函数中的两个参数 x 和 y 分别表示 x、y 坐标值。直接将 x 和 y 坐标值传入 plt.plot() 函数,该函数就会自动将两个对象中的元素按照顺序匹配成坐标点,并绘制成折线图。

折线图绘制命令:

```
plt.plot(x, y, color = 'dodgerblue')
```

柱状图绘图函数 plt.bar() 的参数是 x 和 height,height 表示柱子的高,对应 y 坐标值。

柱状图绘制命令:

```
plt.bar(x, height = y, color = 'darkorange', alpha = 0.6)
```

其中,alpha 参数表示图表的透明度。

以上绘制图形的完整代码为:

```
from matplotlib import pyplot as plt
import pandas as pd

plt.figure(figsize = (8, 6))
x = pd.Series(['第一季度', '第二季度', '第三季度', '第四季度'])
y = pd.Series([160, 200, 180, 155])

plt.plot(x, y, color = 'dodgerblue')
plt.bar(x, height = y, color = 'darkorange', alpha = 0.6)
```

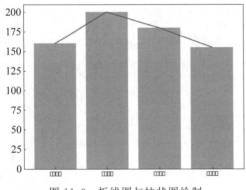

图 11.3 折线图与柱状图绘制

运行结果如图 11.3 所示。

图 11.3 中折线图与柱状图都在一个画布上呈现,如果要将两个图分成两个子图显示,可以采用以下代码:

```
plt1 = plt.subplot(121)
plt2 = plt.subplot(122)

plt1.plot(x, y, color = 'dodgerblue')
plt2.bar(x, height = y, color = 'darkorange',
alpha = 0.6)
```

显示效果如图 11.4 所示。

图 11.4 中,横坐标的中文部分未能正常显示,这是因为 pandas 库是根据一个更加底层的绘图库 matplotlib 封装而来的,本身并不支持中文字体。可通过运行以下代码为 matplotlib 库添加中文字体:

```
plt.rcParams['font.family'] = ['SimSun']
```

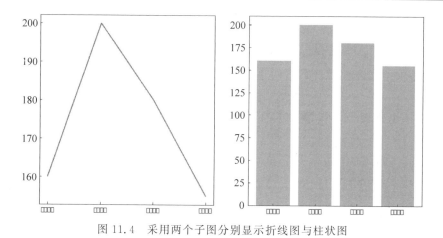

图 11.4　采用两个子图分别显示折线图与柱状图

再次运行代码的显示效果如图 11.5 所示。

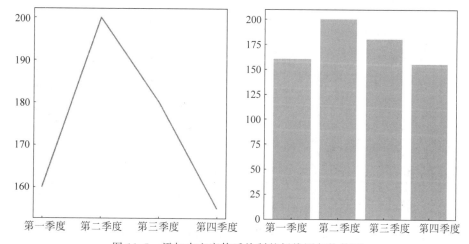

图 11.5　添加中文字体后绘制的折线图与柱状图

5. 设置图表标题

设置图表标题用的是 plt.title()函数,其语法为:

```
plt.title(label, fontsize = None)
```

其中,参数 label 定义图表的标题名,常见为字符串类型;fontsize 定义标题的字体大小,需要向它传入一个代表字体大小的数值。

如果想设置更丰富的字体样式,可以用 fontdict 参数代替 fontsize。fontdict 是一个包含许多参数的字典,以"思源黑体"字体为例,如表 11.1 所示。

表 11.1　fontdict 参数("思源黑体"字体)

参　　数	说　　明	示　　例
family	字体类型	'family':'Source Han Sans CN'
color	字体颜色	'color':'red' 'color':'blue'
weight	字体粗细	'weight':'light' 'weight':'normal' 'weight':'regular' ...
size	字体大小	'size':16

如:

```
fontdict = {'family':'Source Han Sans CN', 'color':'red', 'weight':'light', 'size':16}
```

fontdict 不仅可以设置图表标题的字体样式,还可以应用在坐标轴、图例、数据标签等图表元素中。

例 11.1:如果要给图 11.5 添加总标题和子标题,该如何操作?

参考代码:

```
plt.suptitle('设置图表标题')
plt1.set_title('折线图')
plt2.set_title('柱状图')
```

显示效果如图 11.6 所示。

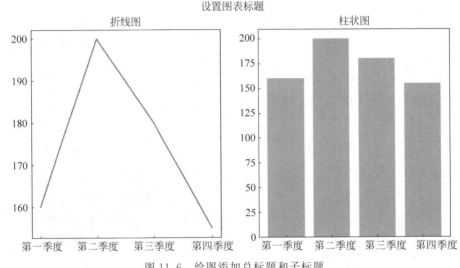

图 11.6　给图添加总标题和子标题

6. 设置坐标轴

坐标轴设置包括坐标轴刻度和坐标轴标题设置。设置 x、y 轴刻度的函数分别是 plt.xticks() 和 plt.yticks()。

例如,以下代码用于设置坐标轴刻度字体的大小:

```
plt.xticks(fontsize = 12)
plt.yticks(fontsize = 12)
```

坐标轴刻度可以自定义,例如调整刻度的间隔、标签名称等。

坐标轴标题主要对坐标轴刻度值的含义进行描述,设置 x 轴标题和 y 轴标题分别用到 plt.xlabel() 和 plt.ylabel() 函数。

其用法为:

```
plt.xlabel(xlabel,fontsize = None)
plt.ylabel(xlabel,fontsize = None)
```

其中,第一个参数设置坐标轴的标题名,常见为字符串类型。还可以在这两个函数中添加参数 ha 和 va,设置标题文本的对齐方式。

与水平对齐方式有关的参数 ha,可选 center、left、right 等;与垂直对齐方式有关的参数 va,可选 center、top、bottom、baseline 等。

7. 设置图例

设置图例需用到 plt.legend()函数,其语法为:

```
plt.legend(labels)
```

其中,参数 labels 表示图例名称,对应图中的多个条件,常为可迭代对象,如列表、Series 对象等。

8. 设置数据标签

数据标签是指坐标点上方显示的标签,用于呈现每个坐标点的数据信息。其语法为:

```
plt.text(x, y, s, ha = None, va = None, fontsize = None, rotation, weight, color)。
```

调用 plt.text()函数可以在图表的指定位置添加文本,但是每次只能添加一个。

plt.text()函数的参数解释如下。

x、y: 所添加文本的位置,常为数值或者字符串类型;

s: 数据标签的文本内容,常见为数值或者字符串类型;

ha: 水平对齐方式,可选项有 center、left、right 等;

va: 垂直对齐方式,可选项有 center、top、bottom、baseline 等;

fontsize: 标签文本的大小;

rotation: 标签的旋转角度,以逆时针计算,取整;

weight: 设置字体的粗细;

color: 注释文本内容的字体颜色。

先来看个例子:

```
from matplotlib import pyplot as plt
import numpy as np
x = np.linspace(0.05, 10, 1000)
y = np.sin(x)
plt.plot(x, y, ls = '-.', lw = 2, c = 'c', label = 'plot figure')
plt.legend()
plt.text(6.50, 0.09, 'y = sin(x)', weight = 'bold', color = 'r', rotation = 15, fontsize = 14)
plt.show()
```

显示效果如图 11.7 所示。

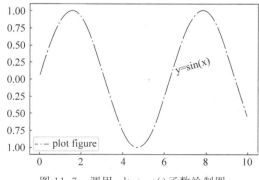

图 11.7　调用 plt.text()函数绘制图

如果要为图 11.5 中的柱状图添加标签,可用代码:

```
plt.text('第三季度', 180, 180, ha = 'center', va = 'bottom', fontsize = 12)
```

如果要为所有的 bar 添加数据标签,可以试着多次调用 plt.text()函数:

```
# 设置数据标签
plt.text('第一季度', 160, 160, ha = 'center', va = 'bottom', fontsize = 12)
plt.text('第二季度', 200, 200, ha = 'center', va = 'bottom', fontsize = 12)
plt.text('第三季度', 180, 180, ha = 'center', va = 'bottom', fontsize = 12)
plt.text('第四季度', 155, 155, ha = 'center', va = 'bottom', fontsize = 12)
```

显示效果如图 11.8 所示。

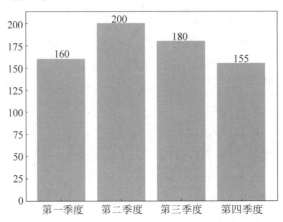

图 11.8　多次调用 plt.text() 函数添加数据标签

如果要标记的数据很多,那么代码会很冗长,并且每一行的语句都要不断更换相关参数的值,显得很呆板。有没有更为简洁的方式呢?

这里介绍一个 zip() 函数。

可以将 zip() 函数理解为一个拉链。$x = (x_1, x_2, x_3, \cdots, x_n)$ 为拉链的左边,$y = (y_1, y_2, y_3, \cdots, y_n)$ 为拉链的右边,经过 zip() 函数,就合并为 $(x_1, y_1), (x_2, y_2), (x_3, y_3), \cdots, (x_n, y_n)$。

在 Jupyter 中运行以下代码:

```
x = pd.Series(['第一季度', '第二季度', '第三季度', '第四季度'])
y = pd.Series([160, 200, 180, 155])
for a, b in zip(x, y):
    print(a, b)
```

观察其运行结果。

zip(x, y) 函数实现的功能是,从 x、y 元素序列中依次取出元素,按照顺序进行一对一匹配。请看以下示例代码,实现了批量标签标注:

```
# 生成画布,并设置画布的大小
plt.figure(figsize = (6, 6))
# 绘制柱状图
plt.bar(x, height = y, color = 'darkorange', alpha = 0.6)

# 设置数据标签
for a, b in zip(x, y):
    plt.text(a, b, b, ha = 'center', va = 'bottom', fontsize = 12)
```

11.2　折线图的绘制

视频讲解

折线图是以折线的上升或下降来表示统计数量的增减变化的统计图,一般用来展现数据随时间的变化趋势。

11.2.1　单条折线图的绘制

例 11.2：根据图 11.9 中的数据源绘制 2020 年 1 月全国累计确诊感染新型冠状病毒的病例数变化趋势图。

时间	全国累计确诊	全国累计死亡	全国累计治愈	新增确诊	新增疑似
2020/1/11	41	1	6	0	0
2020/1/12	41	1	6	0	0
2020/1/13	41	1	7	0	0
2020/1/14	41	1	7	0	0
2020/1/15	41	1	7	0	0
2020/1/16	45	2	7	4	0
2020/1/17	62	2	9	17	0
2020/1/18	121	3	24	59	0
2020/1/19	198	4	25	77	0
2020/1/20	258	6	25	60	54
2020/1/21	440	9	25	182	97
2020/1/22	571	17	30	131	257
2020/1/23	830	25	34	259	257
2020/1/24	1287	41	38	457	680
2020/1/25	1975	56	49	688	1309
2020/1/26	2744	80	51	769	3806
2020/1/27	4515	106	60	1771	2077
2020/1/28	5974	132	103	1459	3248
2020/1/29	7736	170	124	1762	4148
2020/1/30	9720	213	171	1984	4812
2020/1/31	11821	259	243	2101	5019

图 11.9　2020 年 1 月全国累计确诊感染新型冠状病毒的病例数

在 Jupyter 中输入以下代码：

```
number_confirmed_cases =
    pd.Series([41,41,41,41,41,45,62,121,191,258,440,571,830,1287,1975,2744,4515,
            5974,7736,9720,11821], \
    index = ['11 日','12 日','13 日','14 日','15 日','16 日','17 日','18 日','19 日','20 日',
        '21 日','22 日','23 日','24 日','25 日','26 日','27 日','28 日','29 日','30 日','31 日'])
```

然后再输入以下代码：

```
＃绘制单条折线图
number_confirmed_cases.plot(
    kind = 'line', figsize = (7, 7), title = '2020 年 1 月全国累计确诊感染新型冠状病毒病例数')
```

运行代码,绘制出的折线图如图 11.10 所示。

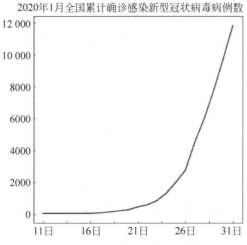

图 11.10　调用 s.plot()函数绘制单条折线图

绘制单条折线图的代码是 s. plot()。这里的 s 指的是一个 Series 数据。表 11.2 给出了 s. plot()函数的常用参数及其用法。

表 11.2　s.plot()函数的常用参数及其用法

参　　数	说　　明	参数值类型	示　　例
kind	设置图表类型	字符串	kind = 'line'
figsize	设置图表的大小	元组	figsize = (7,7)
title	设置图表标题	字符串	title = '数据变化趋势图'
use_index	是否要用行索引作为 x 轴的刻度值	布尔值	use_index = False
xticks	设置横坐标的值	序列	xticks = [0]
yticks	设置纵坐标的值	序列	xticks = [90]
rot	设置刻度值的旋转角度	整数	rot = 30
fontsize	设置刻度值的字体大小	整数	fontsize = 20

前面介绍过,pandas 库提供两种数据结构,分别为 Series 和 DataFrame。Series 类似于一维数组,由一组数据及其对应的索引组成,可通过代码 s = pd.Series(['a','b','c','d'])来创建。

如将上述代码调整为:

```
number_confirmed_cases.plot(
        kind = 'line',
        figsize = (10, 7),
        title = '2020 年 1 月全国累计确诊感染新型冠状病毒病例数',
        xticks = [0,1,2,3,4,5,6,7,8,9,10,11,12,13,14,15,16,17,18,19,20])
```

绘制出的图形如图 11.11 所示。

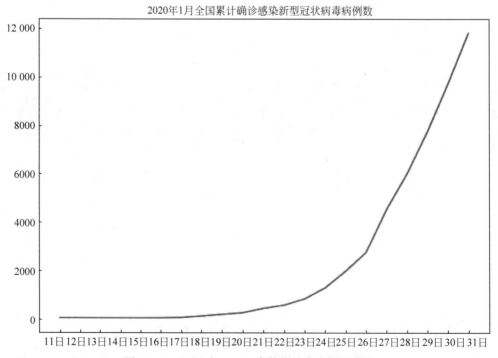

图 11.11　index 与 xticks 参数相结合绘制折线图

如果不定义 index,保留 xticks,执行以下代码:

```
number_confirmed_cases = \
pd.Series([41,41,41,41,41,45,62,121,191,258,440,571,830,1287,1975,2744,\
        4515,5974,7736,9720,11821])
number_confirmed_cases.plot(kind = 'line', figsize = (10, 7),\
        title = '2020 年 1 月全国累计确诊感染新型冠状病毒病例数',
        xticks = [0,1,2,3,4,5,6,7,8,9,10,11,12,13,14,15,16,17,18,19,20])
```

绘制出的图形如图 11.12 所示。

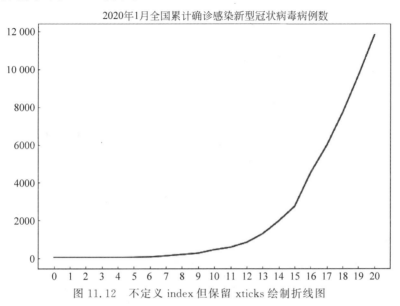

图 11.12　不定义 index 但保留 xticks 绘制折线图

即将 xticks 列表中的数据作为横坐标的刻度。

如果保留 index,不定义 xticks,执行以下代码:

```
number_confirmed_cases =
pd.Series([41,41,41,41,41,45,62,121,191,258,440,571,830,1287,1975,2744,\
        4515,5974,7736,9720,11821],\
        index = ['11 日','12 日','13 日','14 日','15 日','16 日','17 日','18 日','19 日','20 日',\
        '21 日','22 日','23 日','24 日','25 日','26 日','27 日','28 日','29 日','30 日','31 日'])
number_confirmed_cases.plot(kind = 'line', figsize = (10, 7), \
        title = '2020 年 1 月全国累计确诊感染新型冠状病毒病例数')
```

绘制出的图形如图 11.13 所示。

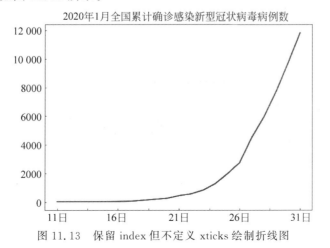

图 11.13　保留 index 但不定义 xticks 绘制折线图

11.2.2 多条折线图的绘制

与单条折线图相比,多条折线图是针对一个 **DataFrame** 对象来绘制的,而单条折线图是针对一个 **Series** 对象来绘制的。df.plot() 默认会将每一列数据用 s.plot() 绘制成单条折线图,然后合并到同一张图上。

例 11.3：绘制 2020 年 1 月全国累计确诊感染新型冠状病毒的病例数变化趋势及新增病例数变化趋势图。

现有数据如下：

```
confirmed_cases = pd.DataFrame({
    '累计确诊':[41,41,41,41,41,45,62,121,191,258,440,571,830,1287,1975,\
                                    2744,4515,5974,7736,9720,11821],
    '新增确诊':[0,0,0,0,0,4,17,59,77,60,182,131,259,457,688,769,1771,1459,\
               1762,1984,2101]},
    index = ['11 日','12 日','13 日','14 日','15 日','16 日','17 日','18 日','19 日','20 日',\
    '21 日','22 日','23 日','24 日','25 日','26 日','27 日','28 日','29 日','30 日','31 日']
)
```

输入以下代码：

```
confirmed_cases.plot(kind = 'line', figsize = (10, 7), title = '确诊病例', \
            xticks = [0,1,2,3,4,5,6,7,8,9,10,11,12,13,14,15,16,17,18,19,20])
```

运行结果如图 11.14 所示。

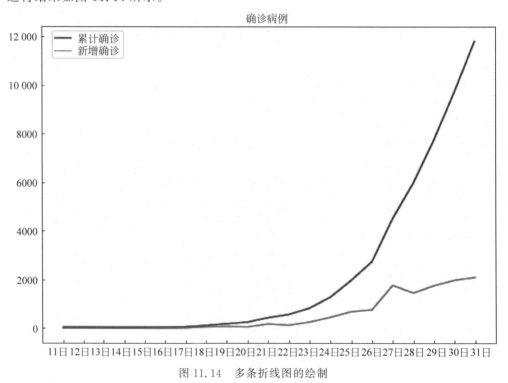

图 11.14　多条折线图的绘制

11.3　饼图的绘制

11.3.1　使用 Series 绘图

通过调用 Series 中的 plot()方法,对 pandas 库中 Series 数据结构的数据进行图形化展示。以某大学 2020 届毕业生截至 2020 年 11 月 30 日的就业率统计数据为例。该大学当年已就业毕业生人数为 12 073 人,就业率为 94.86%。从去向构成来看,如图 11.15 所示,该大学 2020 届毕业生(含本科、硕士和博士)中,以"签就业协议形式就业"为主,占比为 56.07%;其次是境内升学,占比为 22.34%。

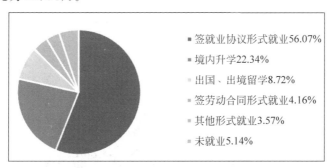

图 11.15　某大学就业去向落实率分布饼图

例 11.4:将该大学 2020 届毕业生就业去向分布以饼形图的形式绘制出来。

这里以该大学 2020 届本科毕业生为例,如表 11.3 所示。

表 11.3　某大学 2020 届本科毕业生就业去向分布

毕 业 去 向	人　　数	比　　例
境内升学	2411	42.36%
出国、出境留学	962	16.90%
签就业协议形式就业	1382	24.28%
签劳动合同形式就业	193	3.39%
其他形式就业	294	5.17%
未就业	450	7.90%
合计	5692	

首先定义数据:

```
find_job = pd.Series(
    [0.4236,0.1690,0.2428,0.0339,0.0517,0.0790],\
    index = ['境内升学','出国'、'出境留学','签就业协议形式就业','签劳动合同形式就业',\
            '其他形式就业','未就业']
)
```

然后绘制饼图:

```
find_job.plot(kind = 'pie', autopct = '%.2f%%', figsize = (7, 7), title = '某大学就业去向分布图',
        label = '')
```

运行结果如图 11.16 所示。

例 11.5:如果就业数据是存放在 csv 文件中,该如何实现数据的读取与图形绘制?

以该大学 2020 届硕士毕业生就业数据为例,如表 11.4 所示。

表 11.4　某大学 2020 届硕士毕业生就业去向分布

毕 业 去 向	人　　数	比　　例
境内升学	432	8.14%
出国、出境留学	148	2.79%
签就业协议形式就业	4264	80.34%
签劳动合同形式就业	228	4.30%

毕 业 去 向	人　数	比　　例
其他形式就业	104	1.96%
未就业	131	2.47%
合计	5307	

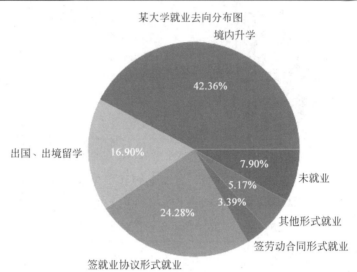

图 11.16　设置参数 kind＝'pie'绘制饼图

将以上数据以 csv 文件存储(操作方法:打开 Excel 文件,输入文件内容,另存为 csv 文件)。

第一步:读取数据。

```
find_data = pd.read_csv('job.csv', encoding = 'gbk')
```

查看数据,如图 11.17 所示。

	毕业去向	人数	比例
0	境内升学	432	8.14%
1	出国、出境留学	148	2.79%
2	签就业协议形式就业	4264	80.34%
3	签劳动合同形式就业	228	4.30%
4	其他形式就业	104	1.96%
5	未就业	131	2.47%

图 11.17　某大学 2020 届硕士毕业生就业去向分布数据图

第二步:将字符型百分数转换为小数,并生成数据列表。

```
b = []
for i in a:
    aa = float(i.strip('%'))  # 去掉 s 字符串中的 %
    bb = aa/100.0
    b.append(bb)
```

第三步:绘制图形

```
pieChart_data = pd.Series(b,find_data['毕业去向'].tolist())
pieChart_data.plot(kind = 'pie', autopct = '%.2f%%', figsize = (7, 7), \
            title = '某大学硕士研究生就业去向分布图', label = '')
```

运行结果如图 11.18 所示。

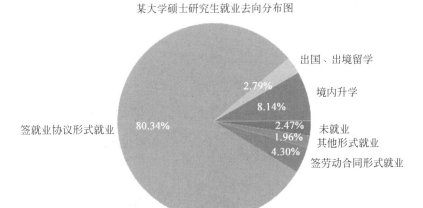

图 11.18　某大学 2020 届硕士毕业生就业去向分布饼图

11.3.2　使用 matplotlib 绘图

使用 matplotlib 绘制饼图的语法为：plt.pie(x，autopct，textprops，explode)，其参数说明如表 11.5 所示。

表 11.5　matplotlib 绘制饼图参数说明

参　　数	说　　明	示　　例
x	设置饼图中每一个扇形的面积大小值	x＝s.values
autopct	设置百分比小数的位数	autopct='%.2f％％'
textprops	设置百分比字体的大小和颜色	textprops＝{'fontsize':10,'color':'black'}
explode	设置"爆炸"效果	explode＝{0,0,0.5,0,0.5}

先看一段代码：

```
# 生成画布,并设置画布的大小
plt.figure(figsize = (6, 6))
# 设置扇形面积值
x = pd.Series([432, 148, 4264, 228, 104, 131])
# 设置百分比小数的位数:保留百分比小数点后两位
autopct = '%.2f % %'
# 设置百分比字体的大小和颜色
textprops = {'fontsize': 12, 'color': 'black'}
# 设置饼图的"爆炸"效果:让扇形远离圆心
explode = [0.1, 0, 0, 0, 0, 0]
# 设置不同扇形的颜色
colors = ['cornflowerblue', 'salmon', 'yellowgreen', 'orange', 'green', 'red']
# 绘制饼图
plt.pie(x, autopct = autopct, textprops = textprops, explode = explode, colors = colors)
# 设置图表标题名及字体大小
plt.title('某大学硕士研究生就业去向分布饼图', fontsize = 20)
# 设置图例
plt.legend(['境内升学', '出国、出境留学', '签就业协议形式就业', '签劳动合同形式就业', '其他形式
就业', '未就业'])
```

运行该段代码后的饼图生成结果如图 11.19 所示。

某大学硕士研究生就业去向分布饼图

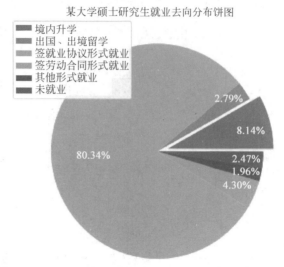

图 11.19　使用 matplotlib 绘制的某大学 2020 届硕士毕业生就业去向分布饼图

matplotlib 库支持的颜色及英文标识如图 11.20 所示,使用时需要给 color 赋值为相应的英文单词值即可。

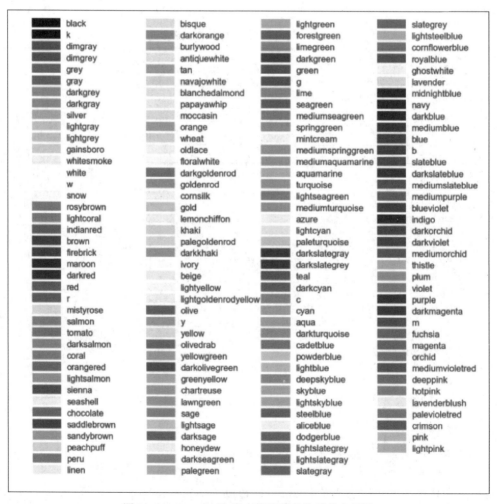

图 11.20　matplotlib 库支持的颜色及其英文标识

11.4　散点图的绘制

绘制散点图采用 matplotlib 模块中的 scatter() 函数，其函数原型为：

```
matplotlib.pyplot.scatter(
        x, y, s = None, c = None, marker = None, cmap = None, norm = None,
        vmin = None, vmax = None, alpha = None, linewidths = None, *,
        edgecolors = None, plotnonfinite = False, data = None, ** kwargs
)
```

其中，x、y 用来定义数据点的坐标；s 用于标记大小，以像素为单位；c 指颜色；alpha 定义透明度。

先来看一段代码：

```
from sklearn.datasets import load_iris
iris = load_iris()
features = iris.data.T
plt.scatter(features[0],features[1],alpha = 0.2,s = 100 * features[3], c = iris.target)
plt.xlabel(iris.feature_names[0])
plt.ylabel(iris.feature_names[1])
```

运行结果如图 11.21 所示。

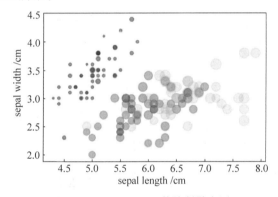

图 11.21　scatter() 函数绘制散点图

这里用到了 Python 机器学习库 scikit-learn，scikit-learn 本身带有一些标准数据集。例如，用来分类的 iris（鸢尾花）数据集、digits（数字）数据集；用来回归的 boston house price（波士顿房屋价格）数据集。iris（鸢尾花）数据集中包含 150 个数据，分为三类，每类 50 个数据，每个数据包含 4 个属性。通过花萼长度、花萼宽度、花瓣长度和花瓣宽度 4 个属性预测鸢尾花卉属于（Setosa，Versicolour，Virginica）三个种类中的哪一类。

features[0] 的数据如图 11.22 所示。

```
array([5.1, 4.9, 4.7, 4.6, 5. , 5.4, 4.6, 5. , 4.4, 4.9, 5.4, 4.8, 4.8,
       4.3, 5.8, 5.7, 5.4, 5.1, 5.7, 5.1, 5.4, 5.1, 4.6, 5.1, 4.8, 5. ,
       5. , 5.2, 5.2, 4.7, 4.8, 5.4, 5.2, 5.5, 4.9, 5. , 5.5, 4.9, 4.4,
       5.1, 5. , 4.5, 4.4, 5. , 5.1, 4.8, 5.1, 4.6, 5.3, 5. , 7. , 6.4,
       6.9, 5.5, 6.5, 5.7, 6.3, 4.9, 6.6, 5.2, 5. , 5.9, 6. , 6.1, 5.6,
       6.7, 5.6, 5.8, 6.2, 5.6, 5.9, 6.1, 6.3, 6.1, 6.4, 6.6, 6.8, 6.7,
       6. , 5.7, 5.5, 5.5, 5.8, 6. , 5.4, 6. , 6.7, 6.3, 5.6, 5.5, 5.5,
       6.1, 5.8, 5. , 5.6, 5.7, 5.7, 6.2, 5.1, 5.7, 6.3, 5.8, 7.1, 6.3,
       6.5, 7.6, 4.9, 7.3, 6.7, 7.2, 6.5, 6.4, 6.8, 5.7, 5.8, 6.4, 6.5,
       7.7, 7.7, 6. , 6.9, 5.6, 7.7, 6.3, 6.7, 7.2, 6.2, 6.1, 6.4, 7.2,
       7.4, 7.9, 6.4, 6.3, 6.1, 7.7, 6.3, 6.4, 6. , 6.9, 6.7, 6.9, 5.8,
       6.8, 6.7, 6.7, 6.3, 6.5, 6.2, 5.9])
```

图 11.22　features[0] 的数据

features[1]的数据如图 11.23 所示。

```
array([3.5, 3. , 3.2, 3.1, 3.6, 3.9, 3.4, 3.4, 2.9, 3.1, 3.7, 3.4, 3. ,
       3. , 4. , 4.4, 3.9, 3.5, 3.8, 3.8, 3.4, 3.7, 3.6, 3.3, 3.4, 3. ,
       3.4, 3.5, 3.4, 3.2, 3.1, 3.4, 4.1, 4.2, 3.1, 3.2, 3.5, 3.6, 3. ,
       3.4, 3.5, 2.3, 3.2, 3.5, 3.8, 3. , 3.8, 3.2, 3.7, 3.3, 3.2, 3.2,
       3.1, 2.3, 2.8, 2.8, 3.3, 2.4, 2.9, 2.7, 2. , 3. , 2.2, 2.9, 2.9,
       3.1, 3. , 2.7, 2.2, 2.5, 3.2, 2.8, 2.5, 2.8, 2.9, 3. , 2.8, 3. ,
       2.9, 2.6, 2.4, 2.4, 2.7, 2.7, 3. , 3.4, 3.1, 2.3, 3. , 2.5, 2.6,
       3. , 2.6, 2.3, 2.7, 3. , 2.9, 2.9, 2.5, 2.8, 3.3, 2.7, 3. , 2.9,
       3. , 3. , 2.5, 2.9, 2.5, 3.6, 3.2, 2.7, 3. , 2.5, 2.8, 3.2, 3. ,
       3.8, 2.6, 2.2, 3.2, 2.8, 2.8, 2.7, 3.3, 3.2, 2.8, 3. , 2.8, 3. ,
       2.8, 3.8, 2.8, 2.8, 2.6, 3. , 3.4, 3.1, 3. , 3.1, 3.1, 3.1, 2.7,
       3.2, 3.3, 3. , 2.5, 3. , 3.4, 3. ])
```

图 11.23　features[1]的数据

features[3]的数据如图 11.24 所示。

```
array([0.2, 0.2, 0.2, 0.2, 0.2, 0.4, 0.3, 0.2, 0.2, 0.1, 0.2, 0.2, 0.1,
       0.1, 0.2, 0.4, 0.4, 0.3, 0.3, 0.3, 0.2, 0.4, 0.2, 0.5, 0.2, 0.2,
       0.4, 0.2, 0.2, 0.2, 0.2, 0.4, 0.1, 0.2, 0.2, 0.2, 0.2, 0.1, 0.2,
       0.2, 0.3, 0.3, 0.2, 0.6, 0.4, 0.3, 0.2, 0.2, 0.2, 0.2, 1.4, 1.5,
       1.5, 1.3, 1.5, 1.3, 1.6, 1. , 1.3, 1.4, 1. , 1.5, 1. , 1.4, 1.3,
       1.4, 1.5, 1. , 1.5, 1.1, 1.8, 1.3, 1.5, 1.2, 1.3, 1.4, 1.4, 1.7,
       1.5, 1. , 1.1, 1. , 1.2, 1.6, 1.5, 1.6, 1.5, 1.3, 1.3, 1.3, 1.2,
       1.4, 1.2, 1. , 1.3, 1.2, 1.3, 1.3, 1.1, 1.3, 2.5, 1.9, 2.1, 1.8,
       2.2, 2.1, 1.7, 1.8, 1.8, 2.5, 2. , 1.9, 2.1, 2. , 2.4, 2.3, 1.8,
       2.2, 2.3, 1.5, 2.3, 2. , 2. , 1.8, 2.1, 1.8, 1.8, 1.8, 2.1, 1.6,
       1.9, 2. , 2.2, 1.5, 1.4, 2.3, 2.4, 1.8, 1.8, 2.1, 2.4, 2.3, 1.9,
       2.3, 2.5, 2.3, 1.9, 2. , 2.3, 1.8])
```

图 11.24　features[3]的数据

iris.target 的数据如图 11.25 所示。

```
array([0, 0, 0, 0, 0, 0, 0, 0, 0, 0, 0, 0, 0, 0, 0, 0, 0, 0, 0, 0, 0, 0, 0, 0,
       0, 0, 0, 0, 0, 0, 0, 0, 0, 0, 0, 0, 0, 0, 0, 0, 0, 0, 0, 0, 0, 0, 0,
       0, 0, 0, 0, 0, 0, 1, 1, 1, 1, 1, 1, 1, 1, 1, 1, 1, 1, 1, 1, 1, 1, 1,
       1, 1, 1, 1, 1, 1, 1, 1, 1, 1, 1, 1, 1, 1, 1, 1, 1, 1, 1, 1, 1, 1, 1,
       1, 1, 1, 1, 1, 1, 1, 1, 1, 1, 1, 1, 2, 2, 2, 2, 2, 2, 2, 2, 2, 2, 2,
       2, 2, 2, 2, 2, 2, 2, 2, 2, 2, 2, 2, 2, 2, 2, 2, 2, 2, 2, 2, 2, 2, 2,
       2, 2, 2, 2, 2, 2, 2, 2, 2, 2, 2, 2, 2, 2, 2, 2, 2])
```

图 11.25　iris.target 的数据

小贴士

scikit-learn 是 Python 机器学习库,它基于 numpy、SciPy、matplotlib 构建,提供用户进行数据挖掘和数据分析,常用于模式分类、回归、聚类、降维、模型选择、预处理等。需要在命令行中输入 pip install -U scikit-learn 命令进行安装。

11.5　箱线图的绘制

箱线图又称箱形图(boxplot)或盒式图,广泛用于数据可视化分析。它与一般的折线图、柱状图或饼图等传统图表仅反映数据大小、占比、趋势等不同,箱线图可以用来反映一组或多组连续型定量数据分布的中心位置和散布范围,它最大的优点是可以不受异常值的影响,能够准确、稳定地描绘出数据的离散分布情况。

箱线图中,最上方和最下方的线段分别表示数据的最大值和最小值,其中箱线图的上方和下方的线段分别表示第三四分位数和第一四分位数,箱线图中间的粗线段表示数据的中位数。另外,箱线图中在最上方和最下方的星号和圆圈分别表示样本数据中的极端值。

例 11.6：某小学测得的少年儿童身高统计数据如表 11.6 所示，要求绘制箱线图。

表 11.6　某小学测得的少年儿童身高统计数据

Id	性别	身高/cm	Id	性别	身高/cm
1	男	123	21	女	126
2	男	125	22	女	121
3	男	127	23	女	120
4	男	130	24	女	125
5	男	134.1	25	女	139.7
6	男	135.8	26	女	133
7	男	140.4	27	女	140.3
8	男	136	28	女	124
9	男	128.2	29	女	125.4
10	男	137.4	30	女	137.5
11	男	135.5	31	女	120.9
12	男	129	32	女	138.8
13	男	132.2	33	女	138.6
14	男	140.9	34	女	141.4
15	男	129.3	35	女	137.5
16	男	130	36	女	137
17	男	121.4	37	女	133.4
18	男	131.5	38	女	132.7
19	男	132.6	39	女	130.1
20	男	129.2	40	女	136.7

参考代码如下：

```
import matplotlib.pyplot as plt
import pandas as pd

plt.rcParams['font.sans-serif'] = 'Microsoft YaHei'
plt.rcParams['axes.unicode_minus'] = False

plt.style.use('ggplot')  # 设置图形的显示风格

data = {
    '男':[123,125,127,130,134.1,135.8,140.4,136,128.2,137.4,135.5,129,132.2,140.9,\
                    129.3,130,121.4,131.5,132.6,129.2],
    '女':[126,121,120,125,139.7,133,140.3,124,125.4,137.5,120.9,138.8,138.6,141.4,\
                    137.5,137,133.4,132.7,130.1,136.7]
    }

df = pd.DataFrame(data)
df.plot.box(title = "某小学少年儿童身高箱线图")
plt.grid(linestyle = "--", alpha = 0.3)
plt.show()
```

绘制出的图形如图 11.26 所示。

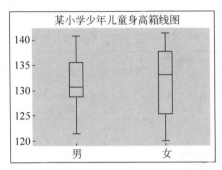

图 11.26　某小学少年儿童分性别身高箱线图

 小贴士

(1) 中位数(median)是指一组数据按**升序**排序后,处于中间位置的数据。记一组数据为:

$$X_1, X_2, \cdots, X_N$$

将它们按从小到大顺序排列后,得到:

$$X_{(1)}, X_{(2)}, \cdots, X_{(N)}$$

当 N 为奇数时,中位数为:

$$m_{0.5} = X_{(N+1)/2}$$

当 N 为偶数时,中位数为:

$$m_{0.5} = \frac{X_{(N/2)} + X_{(N/2+1)}}{2}$$

(2) 分位数:统计学术语,是指如果将一组数据按从小到大排序,并计算相应的累计百分位,则某一百分位所对应数据的值就称为这一百分位的百分位数。可表示为一组 n 个观测值按数值大小排列。如,处于 $p\%$ 位置的值称第 p 百分位数。中位数是第 50 百分位数。

第 25 百分位数又称第一个四分位数(first quartile),用 **Q1** 表示;第 50 百分位数又称第二个四分位数(second quartile),用 **Q2** 表示;第 75 百分位数又称第三个四分位数(third quartile),用 **Q3** 表示。

第 **12** 章

相关分析与关联分析

12.1　概述

任何事物的存在都不是孤立的,而是相互联系、相互制约的,如身高与体重、体温与脉搏、年龄与血压、职业种类和收入、政府投入和经济增长、广告投入和经济效益、治疗手段和治愈率等都存在联系。说明客观事物相互间关系的密切程度并用适当的统计指标表示出来,这个过程就是**相关分析**(correlation analysis)。

关联分析(association analysis)则用于发现大量数据中各组**数据之间的联系**。这种联系一般用两个指标表示:一个是频繁项集(Frequent Item Set,FIS);另一个是关联规则(Association Rule,AR)。频繁项集是指数据集(dataset)中经常在一起出现的物品的集合。关联规则则指明了两个物品之间存在很强的相关性。

12.2　相关分析

任何事物的变化都与其他事物是相互联系和相互影响的,用于描述事物数量特征的变量之间也存在一定关系。变量之间的关系可分为如下两类。

(1) 函数关系:事物或现象之间存在严格的依存关系,其主要特征是它的确定性,即对自变量的每一个值,都有一个确定值的因变量与之对应,可表示为 $y=f(x)$。

(2) 相关关系:变量之间虽然相互影响,具有依存关系,但不是一一对应的。如学习成绩与智力因素、各科学习成绩之间的关系,教育投资额与经济发展水平的关系,等等。

12.2.1　相关分析的描述与测度

相关分析是对两个变量之间线性关系的描述与度量,它要解决的问题有:

(1) 变量之间是否存在关系?

(2) 如果存在关系,它们之间是什么样的关系?

(3) 变量之间的关系强度如何?

(4) 样本所反映的变量之间的关系能否代表总体变量之间的关系?

在进行相关分析时,对总体主要有两个假定:两个变量之间是线性关系;两个变量都是随机变量。

进行相关分析的步骤:首先需要绘制散点图来判断变量之间的关系形态,如果是线性关系,则可以利用相关系数来测度两个变量之间的关系强度;最后对相关系数进行显著性检验,以判断样本所反映的关系能否用来代表两个变量总体上的关系。

12.2.2 相关系数

相关系数是用于计算两个变量之间线性关系强度的统计量,总体相关系数用 ρ 表示,样本相关系数用 r 表示。这里以 Pearson 相关系数为例进行介绍。

Pearson 相关系数即积差相关系数,适用于研究连续变量之间线性相关的情形。线性相关又称直线相关,是指两列变量中的一列变量增加(或减少)时,另一列变量随之增加(或减少)。或这一列变量增加时,而另一列变量相应地减少。它们之间存在一种直线关系。在直线相关条件下,相关系数是用来说明两个变量之间相关程度以及相关方向的统计分析指标。

Pearson 相关系数的计算公式为:

$$r = \frac{\sum_{i=1}^{n}(x_i - \bar{x})(y_i - \bar{y})}{\sqrt{\sum_{i=1}^{n}(x_i - \bar{x})^2 \sum_{i=1}^{n}(y_i - \bar{y})^2}}$$

先来看一个例子。

例 12.1:某金融分析软件公司通过在全国各地的代理商,来研究其金融分析软件产品的广告投入与销售额的关系,研究人员随机选择 10 家代理商进行考察,并整理收集广告投入和月均销售额的数据,如表 12.1 所示。

表 12.1　某公司广告投入和月均销售额对照数据表

编　号	广告投入费/万元	月均销售额/万元
	x	y
1	12.5	21.2
2	15.3	23.9
3	23.2	32.9
4	26.4	34.1
5	33.5	42.5
6	34.4	43.2
7	39.4	49
8	45.2	52.8
9	55.4	59.4
10	60.9	63.5

绘制出的散点图如图 12.1 所示。

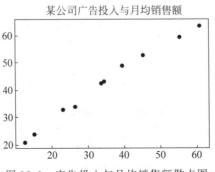

图 12.1　广告投入与月均销售额散点图

参考代码如下：

```
import matplotlib.pyplot as plt
import matplotlib
matplotlib.rcParams['font.sans-serif'] = [u'SimHei']
matplotlib.rcParams['axes.unicode_minus'] = False

x = [12.5, 15.3, 23.2, 26.4, 33.5, 34.4, 39.4, 45.2, 55.4, 60.9]
y = [21.2, 23.9, 32.9, 34.1, 42.5, 43.2, 49, 52.8, 59.4, 63.5]

plt.subplots_adjust(wspace=0.5, hspace=0.5)
plt.scatter(x, y)
plt.title("某公司广告投入与月均销售额")
```

绘制出散点图后，可以判断广告投入 x 与月均销售额 y 两个变量之间趋近于线性关系，可以进一步计算相关系数矩阵。

Pearson 相关系数取值范围为 $[-1, 1]$，该例计算得到的 Pearson 相关系数 $r = 0.994$。在一般情况下，r 越趋近于 1，则说明两个变量联系越紧密；r 为 $0.7 \sim 1$ 表示强相关，r 为 $0.4 \sim 0.7$ 表示中度相关；r 为 $0 \sim 0.4$ 表示弱相关，如果 $r = 0$ 则表示不相关。

📖小贴士

相关系数的符号反映两变量间的相关方向，$r > 0$ 为正相关，$r < 0$ 为负相关。正相关是指两个变量同向变大或变小。

相关系数的绝对值大小反映两变量相关的密切程度：$|r|$ 越大，相关程度越强。

参考代码为：

```
import pandas as pd
import matplotlib.pyplot as plt

corrDict = {
    '广告投入':[12.5, 15.3, 23.2, 26.4, 33.5, 34.4, 39.4, 45.2, 55.4, 60.9],
    '月均销售额':[21.2, 23.9, 32.9, 34.1, 42.5, 43.2, 49, 52.8, 59.4, 63.5]
}
corrDf = pd.DataFrame(corrDict)

rDf = corrDf.corr()
print('相关系数矩阵：')
rDf
```

	广告投入	月均销售额
广告投入	1.000000	0.994198
月均销售额	0.994198	1.000000

图 12.2　相关系数矩阵

构造出的相关系数矩阵如图 12.2 所示。

当两个变量，如 x 与 x 之间，y 与 y 之间，分布在一条直线上时，Pearson 相关系数等于 1 或 -1；如果两个变量之间没有线性关系，Pearson 相关系数为 0。

📖小贴士

此处用到了 pandas 的 corr() 函数，用于计算相关系数 r。

12.2.3　偏相关分析

在多变量的情况下，变量之间的相关关系很复杂。多元相关分析除了要利用简单相关系数外，还要计算偏相关系数。偏相关分析是指在研究两个变量之间的线性相关关系时控制可

视频讲解

能对其产生影响的变量。

在计算简单相关系数时,只需要掌握两个变量的观测数据,并不考虑其他变量对这两个变量可能产生的影响。在计算偏相关系数时,需要掌握多个变量的数据,不仅要考虑多个变量相互之间可能产生的影响,同时还要采用某种方法来控制其他变量。

例 12.2:某研究指出,游泳可以促进冷饮的销售,即游泳的人越多,冷饮的销售量也越多,是否真是这样?

现有两组统计数据,如表 12.2 所示。

表 12.2　冷饮销售量与游泳人数数据对照

序　　号	冷饮销售量/个	游泳人数/人
1	267	722
2	397	814
3	451	924
4	528	1066
5	618	1253
6	655	1369
7	690	1593
8	740	1761
9	780	1931
10	889	2231
11	996	2749

参考代码为:

```
import numpy as np
import pandas as pd
import scipy.stats as stats

corrDict = [[267,722],[397,814],[451,924],[528,1066],[618,1253],[655,1369],[690,1593],\
                              [740,1761],[780,1931],[889,2231],[996,2749]]
corrDf = pd.DataFrame(corrDict,columns = ['x','y'])
r,p = stats.pearsonr(corrDf.x,corrDf.y)          # 相关系数和 p 值
print('相关系数 r 为 = %6.3f,p 值为 = %6.3f'%(r,p))
```

运行以上代码,得到的结果相关系数 r 为 0.972,p 值为 0.000(小于 0.01),相关关系具有统计学意义。可是,是否真的能根据这个结果就判定冷饮销售量和游泳人数存在内在关联吗?

答案是不能,偏相关可以来回答这个问题,采用偏相关可以控制混杂变量。

 小贴士

scipy.stats 是 Python 提供的统计函数库,用于统计分析。例 12.1 中用到的 pandas 函数 corr() 只能计算相关系数 r,无法计算 p 值。此处通过调用 stats.pearsonr() 函数计算相关系数和 p 值(即显著度)。

冷饮销售量增加和游泳人数的增加都可能与"天气热"相联系,因此,很有可能是因为天气热导致吃冷饮的人数和游泳的人数同时增加。

基于上述情况,此处再纳入一个变量——气温,**把气温作为控制变量,然后再进行冷饮销售量和游泳人数的相关分析**,数据如表 12.3 所示。

表 12.3 增加"气温"变量的冷饮销售量与游泳人数数据对照

序　　号	冷饮销售量/个	游泳人数/人	气温/℃
1	267	722	29
2	397	814	30
3	451	924	31
4	528	1066	32
5	618	1253	33
6	655	1369	34
7	690	1593	35
8	740	1761	36
9	780	1931	37
10	889	2231	38
11	996	2749	39

在偏相关中,根据固定变量数目的多少,可分为零阶偏相关、一阶偏相关、……、$p-1$ 阶偏相关。零阶偏相关即简单相关。如果用下标 0 表示 Y,下标 1 代表 X_1,下标 2 代表 X_2,则变量 Y 与变量 X_1 之间的一阶偏相关系数为:

$$r_{01.2} = \frac{r_{01} - r_{02}r_{12}}{\sqrt{1 - r_{02}^2}\sqrt{1 - r_{12}^2}}$$

其中,$r_{01.2}$ 是剔除 X_2 的影响之后,Y 与 X_1 之间的偏相关的度量;r_{01}、r_{02}、r_{12} 分别是 Y、X_1、X_2 两两之间的相关系数。

如果增加变量 X_3,则变量 Y 与 X_1 的二阶偏相关系数为:

$$r_{01.23} = \frac{r_{02} - r_{03.2}r_{13.2}}{\sqrt{1 - r_{03.2}^2}\sqrt{1 - r_{3.2}^2}}$$

计算偏相关系数的参考代码如下:

```
import pandas as pd
import numpy as np
from scipy import stats

X1 = [722,814,924,1066,1253,1369,1593,1761,1931,2231,2749]    # X1
X2 = [29,30,31,32,33,34,35,36,37,38,39]                        # X2
Y = [267,397,451,528,618,655,690,740,780,889,996]             # Y

df = pd.DataFrame([Y,X1,X2],index = ['y','x1','x2']).T
corr = df.corr()

r_01 = stats.pearsonr(df.y,df.x1)[0]
r_02 = stats.pearsonr(df.y,df.x2)[0]
r_12 = stats.pearsonr(df.x1,df.x2)[0]

r_01_2 = (r_01 - r_02 * r_12)/(((1 - r_02 ** 2) ** (1/2)) * ((1 - r_12 ** 2) ** (1/2)))    # r01.2
print(r_01_2)
```

运行以上代码,得到的运行结果为 $r_{01.2} = 0.215$,说明纳入"气温"这个控制变量后,冷饮销售量和游泳人数的相关系数低至 0.215,因此,有理由怀疑该例中两变量的直接相关系数是不准确的。

视频讲解

视频讲解

视频讲解

视频讲解

12.2.4 距离相关分析

距离相关分析是对观测量之间或变量之间相似或不相似程度的一种测量,可用于同一变量内部的各个取值间,以考察其相互接近程度;也可用于不同变量间,以考察预测值对实际值的拟合优度。

距离相关分析的结果可为进一步的因子分析、聚类分析和多维尺度分析等提供信息,以帮助了解复杂数据的内在结构,为进一步分析打下基础;因此距离相关分析通常不单独使用,所以其分析结果不会给出显著性值,而只是给出各个案或各观测值之间的距离大小,再由研究者自行判断其相似或不相似程度。

小贴士

这里的因子分析是指可根据相关性的大小把变量分组,使得同组内的变量相关性较高,不同组的变量相关性较低,从而可以做降维处理,便于后期的数据存储和数据处理。

距离相关分析根据统计量的不同,可分为如下两种情况。

(1)非相似性测量:计算个案或变量值之间的距离。其数值越大,表示相似性程度越弱。

(2)相似性测量:计算个案或变量值之间的 Pearson 相关系数或 Cosine 相关,取值范围为 $-1 \sim +1$,其数值越大,表示相似程度越高。

例 12.3:某医生用 8 份标准血红蛋白样品做三次平行检测,结果如表 12.4 所示,检测结果是否一致?

表 12.4 三次平行检测的记录情况

	1	2	3	4	5	6	7	8	9	10
第一次	38.32	38.16	38.19	37.94	38.22	37.73	37.57	37.63	38.07	38.47
第二次	38.44	38.07	37.98	38.16	37.88	37.94	37.88	37.82	38.25	38.13
第三次	37.76	38.28	37.85	37.82	38.32	37.54	37.51	37.88	37.98	38.63

近似值矩阵

	欧氏距离		
	第一次	第二次	第三次
第一次	.000	.745	.777
第二次	.745	.000	1.207
第三次	.777	1.207	.000

这是非相似性矩阵

图 12.3 相似性度量

现将表 12.4 中的数据输入 IBM SPSS Statistics 软件中,得到的以欧氏距离为测量的相似性矩阵如图 12.3 所示。

在图 12.3 中,距离越接近 0 表示相似性越大。如该矩阵主对角线上的元素,对应的计算对象都是同一个,因此距离值全部都是 0。

采用欧氏距离进行度量的 Python 参考代码如下:

```python
import numpy as np

a1 = np.array([38.32,38.16,38.19,37.94,38.22,37.73,37.57,37.63,38.07,38.47])
a2 = np.array([38.44,38.07,37.98,38.16,37.88,37.94,37.88,37.82,38.25,38.13])
a3 = np.array([37.76,38.28,37.85,37.82,38.32,37.54,37.51,37.88,37.98,38.63])

ed1 = np.sqrt(np.sum(np.square(a1 - a2)))          # d12
ed2 = np.sqrt(np.sum(np.square(a1 - a3)))          # d13
ed3 = np.sqrt(np.sum(np.square(a2 - a3)))          # d23
print(ed1)
print(ed2)
print(ed3)
```

计算得到的结果分别为：ed1＝0.744 916 102 658 543 9，ed2＝0.777 110 030 819 318 5，ed3＝1.206 648 250 319 867 9，保留 3 位小数后的结果同图 12.3 一致。

再用 IBM SPSS Statistics 做 Pearson 非相似性度量，得到的结果如图 12.4 所示。

图 12.4 实际上计算的是两两之间的 Pearson 相关系数，参考代码如下：

```python
import pandas as pd
corrDict = {
    '第一次':[38.32,38.16,38.19,37.94,38.22,37.73,37.57,37.63,38.07,38.47],
    '第二次':[38.44,38.07,37.98,38.16,37.88,37.94,37.88,37.82,38.25,38.13],
    '第三次':[37.76,38.28,37.85,37.82,38.32,37.54,37.51,37.88,37.98,38.63]
}
corrDf = pd.DataFrame(corrDict)

rDf = corrDf.corr()
print('相关系数矩阵：')
rDf
```

得到的相关系数矩阵如图 12.5 所示，与图 12.4 中的结果一致。非相似性度量中的数值越接近 1，变量间的相似性就越高，说明越相似，反之则越不相似。从图 12.4 或图 12.5 中可以看出，**后两次测量的结果一致性较差，故对该指标做重复测量意义不大。**

近似值矩阵			
值 的向量之间的相关性			
	第一次	第二次	第三次
第一次	1.000	.583	.729
第二次	.583	1.000	.094
第三次	.729	.094	1.000
这是相似性矩阵			

图 12.4 非相似性度量

	第一次	第二次	第三次
第一次	1.000000	0.583283	0.729065
第二次	0.583283	1.000000	0.094012
第三次	0.729065	0.094012	1.000000

图 12.5 相关系数矩阵

12.3 Apriori 关联分析

以机器学习中经典的杂货店（超市）商品销售案例为例，交易内容如表 12.5 所示。

表 12.5 某杂货店商品交易示例

交 易 编 号	商 品 名 称	交 易 编 号	商 品 名 称
0	豆奶、生菜	3	生菜、豆奶、尿不湿、葡萄酒
1	生菜、尿不湿、葡萄酒、甜菜	4	生菜、豆奶、尿不湿、橙汁
2	豆奶、尿不湿、葡萄酒、橙汁		

这里的每条交易记录可称为一个**事务**（**transaction**）。表 12.5 中呈现的这份交易数据一共含有 5 条"事务"。交易中的每一种不同商品称为一个**项**（item），这里一共有 6 个项，分别是豆奶、生菜、尿不湿、葡萄酒、甜菜和橙汁。

0 个或多个项的集合，称为一个项集（itemset），一般用 $\{X\}$ 的形式表示项集，k 个项组成的项集，叫作 k 项集。如 $\{$豆奶，生菜$\}$ 是一个 2 项集，$\{$葡萄酒$\}$ 是一个 1 项集。

假设某杂货店有 4 款不同商品，分别为 item0、item1、item2 和 item3。这 4 款商品的不同组合共有多少种？因为要研究的是不同商品之间的相关性，如果某个顾客购买了 2 个 item0，或是 4 个 item2，无须关心重复选购的商品，**仅关注顾客购买了一种或多种商品的情形。**

如图 12.6 所示，4 种商品所有的非空组合共有 15 种，即非空项集的个数为 2^4-1；由 N 个项组成的数据集所能生成的项集的个数为 2^N-1。前面的 4 项商品，可以组成 15 个非空项集,项集内不存在相同的项,如{豆奶,生菜,豆奶}是不允许出现的。

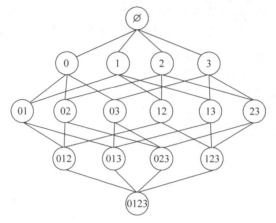

图 12.6　4 种商品的 15 种组合

12.3.1　支持度、置信度与提升度

通过分析可以发现,{葡萄酒、尿不湿、豆奶}可以视为一个频繁项集;当然{豆奶},{生菜},{豆奶、生菜}等其他集合也可以视为频繁项集。从该交易数据集中,也可以找到一个关联规则,表示为{尿不湿}→{葡萄酒},也就是说,如果某一位顾客购买了尿不湿,那么他购买葡萄酒的概率是很大的。通过频繁项集和关联规则,零售商就可以对顾客的购买行为有更深层次的理解。

当要找频繁项集时,要知道怎么样才算是频繁,什么样的关联规则能让人们信服。这里介绍两个重要的概念:**支持度(support)**与**置信度(confidence)**。

(1)一个项集的**支持度**定义为数据集中包含该项集的比例。如{豆奶}作为一个项集,在该交易数据集包含的 5 个交易数据中,出现了 4 次,因此项集{豆奶}的支持度为 4/5。另外一个项集{豆奶、尿不湿},在该交易数据集中出现的频次为 3,因此该项集的支持度为 3/5。

不同项集,受顾客的欢迎程度不同。支持度可以表示项集在事务中出现的概率(频率),也可以理解成顾客对某一个项集的支持程度。

$$项集\{X\}的支持度 = \{X\}在事务中出现的次数 / 事务总数$$

每个项集都有支持度,但并不是每个项集都是有用的。例如{豆奶,生菜,尿不湿,甜菜}的支持度为 0,顾客都没买过这样的套餐,因此这样的项集是可以删掉的。

此时,需要人为地设定一个**支持度**,名为**最小支持度**,用于筛掉那些不符合需求的项集。**被留下来的项集(大于或等于最小支持度)称为频繁项集。**

(2)**置信度**是相对于关联规则而言的,如对关联规则{尿不湿}→{葡萄酒},其置信度为:

$$项集\{尿不湿,葡萄酒\}的支持度 / 项集\{尿不湿\}的支持度$$

数据之间的联系用**关联规则**来表示,表达式为{X}→{Y}(X 和 Y 之间不存在相同项)。

由支持度的定义可知,项集{尿不湿,葡萄酒}的支持度表示为 support({尿不湿,葡萄酒}) = 3/5,support({尿不湿}) = 4/5。故,confidence({尿不湿}→{葡萄酒}) = (3/5)/(4/5) = 3/4 = 0.75。

置信度可用于衡量关联规则的可靠程度,表示在前件{X}出现的情况下,后件{Y}出现的概率。一般来说,概率越高,规则的可靠性越强。

$$关联规则\{X\}→\{Y\}的置信度 = \{X,Y\}的支持度 / \{X\}的支持度$$

同为关联规则,可靠程度有强有弱。在实际业务中,也需要**人为地**设定置信度,名为**最小置信度**,用于筛掉一些不符合需求的关联规则。被留下来的关联规则(大于或等于最小置信度)称为**强关联规则**。

(3)提升度(lift)。

众所周知,在自然界,不同物种之间不仅有"互惠互利"的合作关系,也有"势不两立"的竞争关系。

关联规则也一样,既有促进关系,也有抑制关系。因而,还需引入提升度对它们进行判断。

$\{X\} \to \{Y\}$的提升度$=\{X\} \to \{Y\}$的置信度$/\{Y\}$的支持度,意思是评估X的出现,对Y出现的影响有多大。

提升度的值小于1,表示前件对后件是抑制的关系。

提升度的值大于1,表示前件对后件是促进的关系。

特别地,当提升度的值等于1时,表示前件不影响后件,两者之间没有关系。

现在计算一下$\{$尿不湿$\} \to \{$葡萄酒$\}$的提升度。

$$\text{lift}(\{\text{尿不湿}\} \to \{\text{葡萄酒}\}) = \text{confidence}(\{\text{尿不湿}\} \to \{\text{葡萄酒}\})/\text{support}(\{\text{葡萄酒}\})$$
$$= (3/4)/(3/5) = 5/4$$

$\{$尿不湿$\} \to \{$葡萄酒$\}$的提升度大于1,表示尿不湿对葡萄酒是促进的关系。

再来计算一下$\{$橙汁$\} \to \{$葡萄酒$\}$的提升度。

$$\text{lift}(\{\text{橙汁}\} \to \{\text{葡萄酒}\}) = \text{confidence}(\{\text{橙汁}\} \to \{\text{葡萄酒}\})/\text{support}(\{\text{葡萄酒}\})$$
$$= (\text{support}(\{\text{橙汁,葡萄酒}\})/\text{support}(\{\text{橙汁}\}))/\text{support}(\{\text{葡萄酒}\})$$
$$= (1/5)/(2/5)/(3/5) = 5/6$$

$\{$橙汁$\} \to \{$葡萄酒$\}$的提升度小于1,表明橙汁对葡萄酒是抑制的关系。

如前所述,大多数的关联分析工作的主要任务就是生成频繁项集和关联规则。

一个k项的数据集,能产生$2^k - 1$个非空频繁项集。

一个k项的频繁项集,可产生$2^k - 2$个关联规则。

12.3.2 Apriori 算法

有了计算公式和流程,理论上可以进行手工计算,不过难度可想而知。随着"项"的增加,频繁项集和关联规则的计算量必将呈指数增长。现实生活中的"项"(商品)成百上千,真实的"事务"(交易)数以万计。此时就需要用到 Apriori 算法。

先来看 Apriori 规则:如果某一个项集是频繁的,则它所有的子集(subset)都是频繁项集。

图 12.7 中,若$\{0,1,2\}$为频繁项集,则$\{0,1\}$、$\{0,2\}$、$\{1,2\}$、$\{0\}$、$\{1\}$、$\{2\}$都是频繁项集。该规则本身并无多大意义,但反过来讲,如果一个项集是非频繁的,则它的所有超集也都是非频繁的,如图 12.8 所示。

如果项集$\{2,3\}$是非频繁的,则项集$\{0,2,3\}$、$\{1,2,3\}$、$\{0,1,2,3\}$都是非频繁的。也即如果计算出了$\{2,3\}$的支持度,由于已经知道$\{2,3\}$的所有超集都将是非频繁的,也就没有必要再去计算$\{0,2,3\}$、$\{1,2,3\}$、$\{0,1,2,3\}$的支持度。

Apriori 算法是用于挖掘数据背后的关联规则的一种**算法**,它的流程可分为如下两步。

步骤一:确定最小支持度和最小置信度。

最小支持度和最小置信度都是描述事件发生的概率,取值范围在 0 和 1 之间。如果最小支持度设定过高,就会导致一些重要但不频繁的项集被过滤掉;如果设定过低,一方面,会影

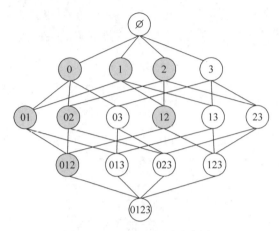

图 12.7 Apriori 规则示意图 1

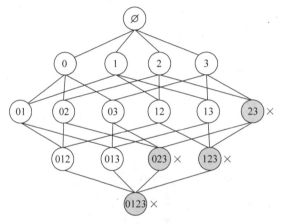

图 12.8 Apriori 规则示意图 2

响计算性能,另一方面,一些无实际意义的数据也会被保留下来。最小置信度也是同理。一开始设定的最小支持度和置信度与理想状态有一定偏差也没关系,后续可再慢慢调整。

步骤二:找出频繁项集和强关联规则。

这一步,Apriori 算法主要依赖如下两个性质。

(1) 一个项集如果是频繁的,那么它的非空子集也一定是频繁的。假如购买{尿不湿,葡萄酒}的概率都很高,那么购买{尿不湿}或{葡萄酒}的概率肯定也很高。

(2) 一个项集如果是非频繁的,那么包含该项集的项集也一定是非频繁的。假设购买{甜菜}的次数少,那么购买{甜菜,橙汁}的次数肯定也少。

在 Apriori 算法出现之前,要找出所有的频繁项集,就得先枚举所有的项集,计算它们的支持度,然后和**最小支持度(设定为 0.15)**进行对比,筛选出频繁项集。

采用 Apriori 算法,一旦找到某个不满足条件的非频繁项集,包含该集合的其他项集则不需要计算。

12.3.3 Apriori 算法应用举例

下面还是以杂货店交易数据为例。

记 S 表示豆奶,L 表示生菜,D 表示尿不湿,W 表示葡萄酒,C 表示甜菜,O 表示橙汁,交易数据或事务可以简单表示为如表 12.6 所示。

表 12.6　杂货店交易数据的简单表示

交 易 编 号	商 品 名 称	交 易 编 号	商 品 名 称
0	S,L	3	L,S,D,W
1	L,D,W,C	4	L,S,D,O
2	S,D,W,O		

这里设定最小支持度为 0.15。

图 12.9 中给出了由 6 种不同商品构成的 1 项集、2 项集等,对于 **2 项集**｛豆奶,甜菜｝(即｛S,C｝),计算得到该项集的支持度为 0,小于最小支持度 0.15,则它为非频繁项集。｛甜菜,橙汁｝(即｛C,O｝)的支持度也为 0,也属于非频繁项集。图 12.9 中实线矩形框表示频繁项集,虚线矩形框表示非频繁项集。注:为了作图方便,图 12.9 和图 12.10 中各项集未加｛｝。

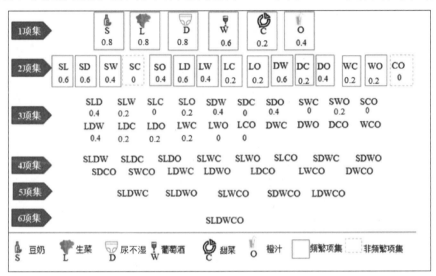

图 12.9　频繁项集与非频繁项集示意图

后面在计算 **3 项集**(及 **4 项集**、**5 项集**、**6 项集**)时,会直接把包含｛S,C｝、｛C,O｝的项集,如｛S,L,C｝、｛S,D,C｝、｛S,W,C｝、｛S,C,O｝、｛L,C,O｝、｛D,C,O｝、｛W,C,O｝去掉,不再计算,由之前计算出来的这几个项集的支持度也证明了这一点,如图 12.10 所示。

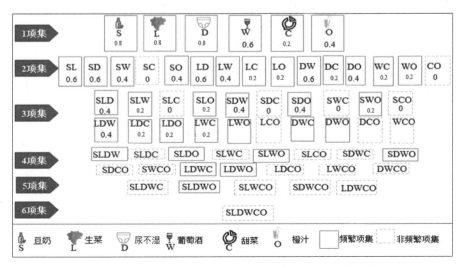

图 12.10　根据 Apriori 算法得到的频繁项集与非频繁项集

根据新生成的频繁项集,就可以构造关联规则。

这里的1项集由于只有一个项,无法构成具有指导意义的关联关系(≥2项),可直接忽略。

这里任意选定一个频繁项集,如{S,W},即{豆奶,葡萄酒},进入关联规则的生成环节。

Apriori算法会先产生一系列后件项数为1的关联规则,与最小置信度进行比较,得到一部分强关联规则。

对于频繁项集{豆奶,葡萄酒},后件项数为1的关联规则有:

$$\{豆奶\} \rightarrow \{葡萄酒\}$$

$$\{葡萄酒\} \rightarrow \{豆奶\}$$

按照公式:

$$confidence(X \rightarrow Y) = support(X,Y)/support(X)$$

依次求出每一个关联规则的置信度。

$$confidence(\{豆奶\} \rightarrow \{葡萄酒\})$$
$$= support(\{豆奶,葡萄酒\})/support(\{豆奶\})$$
$$= 0.4/0.67 = 0.6$$
$$confidence(\{葡萄酒\} \rightarrow \{豆奶\})$$
$$= support(\{豆奶,葡萄酒\})/support(\{葡萄酒\})$$
$$= 0.4/0.6 = 0.67$$

类似地,当选择2项集{生菜,甜菜},后件项数为1的关联规则有:

$$\{生菜\} \rightarrow \{甜菜\}$$
$$\{甜菜\} \rightarrow \{生菜\}$$
$$confidence(\{生菜\} \rightarrow \{甜菜\})$$
$$= support(\{生菜,甜菜\})/support(\{生菜\})$$
$$= 0.17/0.67 = 0.25$$
$$confidence(\{甜菜\} \rightarrow \{生菜\})$$
$$= support(\{生菜,甜菜\})/support(\{甜菜\})$$
$$= 0.17/0.17$$
$$= 1$$

再来看一个频繁3项集{豆奶,生菜,尿不湿},后件项数为1的关联规则有:

$$\{豆奶,生菜\} \rightarrow \{尿不湿\}$$
$$\{豆奶,尿不湿\} \rightarrow \{生菜\}$$
$$\{生菜,尿不湿\} \rightarrow \{豆奶\}$$

依次求出每一个关联规则的置信度。

$$confidence(\{豆奶,生菜\} \rightarrow \{尿不湿\})$$
$$= support(\{豆奶,生菜,尿不湿\})/support(\{豆奶,生菜\})$$
$$= 0.4/0.6 = 0.67$$
$$confidence(\{豆奶,尿不湿\} \rightarrow \{生菜\})$$
$$= support(\{豆奶,生菜,尿不湿\})/support(\{豆奶,尿不湿\})$$
$$= 0.4/0.6 = 0.67$$
$$confidence(\{生菜,尿不湿\} \rightarrow \{豆奶\})$$
$$= support(\{豆奶,生菜,尿不湿\})/support(\{生菜,尿不湿\})$$
$$= 0.4/0.6 = 0.67$$

假设选定最小置信度为 0.65,以上关联规则中的{葡萄酒}→{豆奶}、{甜菜}→{生菜}、{豆奶,生菜}→{尿不湿}、{豆奶,尿不湿}→{生菜}、{生菜,尿不湿}→{豆奶}的置信度都高于最小置信度,则被选为强关联规则。

然后,频繁项集继续生成**后件的项数为 2** 的关联规则,再对它们的置信度进行比较,又得到一批强关联规则。

以频繁项集{S,L,D}为例,生成的后件项数为 2 的关联规则有:

{豆奶}→{生菜,尿不湿}、{生菜}→{豆奶,尿不湿}、{尿不湿}→{豆奶,生菜}

依次计算每一个关联规则的置信度。

confidence({豆奶}→{生菜,尿不湿})＝support({豆奶,生菜,尿不湿})/support({豆奶})＝0.4/0.67＝0.75

confidence({生菜}→{豆奶,尿不湿})＝support({豆奶,生菜,尿不湿})/support({生菜})＝0.4/0.67＝0.75

confidence({尿不湿}→{豆奶,生菜})＝support({豆奶,生菜,尿不湿})/support({尿不湿})＝0.4/0.67＝0.75

当无法从剩下的频繁项集中生成新的关联规则时,该过程就结束了。通过这种方式,其他的频繁项集也加入关联规则的集合中,最终通过最小置信度筛选,得到强关联规则集合。

若这些强关联规则正好是想要的,那么就进一步计算它们的提升度。相反,若对筛选出来的强关联规则不满意,就得重新调整最小支持度和最小置信度,再计算一次。

12.3.4 Apriori 算法的 Python 实现

尽管 Apriori 算法已经对原始的关联分析做了优化,但手动计算依然烦琐,特别是当想要调整最小支持度或者最小置信度时。

Python 已将 Apriori 算法封装成函数,供用户直接调用。该函数将最小支持度、最小置信度和最小提升度设置成**参数**,通过调整参数来查看关联规则。

需要注意的一点是,apyori 模块属于 Python 的第三方模块,需要执行 pip 命令进行安装,如图 12.11 所示。

```
C:\Users\     pip install apyori
Collecting apyori
  Downloading apyori-1.1.2.tar.gz (8.6 kB)
Building wheels for collected packages: apyori
  Building wheel for apyori (setup.py) ... done
  Created wheel for apyori: filename=apyori-1.1.2-py3-none-any.whl size=5975 sha256=a90e0b52d63
536d8d05dfb1491fd17360afdd35
  Stored in directory: c:\users\wangr\appdata\local\pip\cache\wheels\1b\02\6c\a45230be8603bd95c
eab73661
Successfully built apyori
Installing collected packages: apyori
Successfully installed apyori-1.1.2

C:\User
```

图 12.11 安装第三方模块 apyori

apriori()函数常用的参数有 4 个,分别是 transactions(事务的集合)、min_support(最小支持度)、min_confidence(最小置信度)和 min_lift(最小提升度)。apriori()函数参数说明如表 12.7 所示。

表 12.7　apriori()函数参数说明

参　　数	说　　明	示　　例
transactions	事务的集合,值可以是嵌套列表或者 Series 对象	apriori([['薯条','可乐'],['可乐']])
min_support	最小支持度,默认值为 0.1	apriori([['薯条','可乐'],['可乐']], min_support＝0.15)
min_confidence	最小置信度,默认值为 0.0	apriori([['薯条','可乐'],['可乐']], min_ confidence＝0.5)
min_lift	最小提升度,默认值为 0.0	apriori([['薯条','可乐'],['可乐']], min_ lift＝1)

先输入并运行以下代码:

```python
# 导入 apyori 模块下的 apriori() 函数
from apyori import apriori
# 创建 5 条交易数据
orders = [['豆奶', '生菜'],
          ['生菜', '尿不湿', '葡萄酒','甜菜'],
          ['豆奶', '尿不湿', '葡萄酒','橙汁'],
          ['生菜', '豆奶', '尿不湿','葡萄酒'],
          ['生菜', '豆奶', '尿不湿','橙汁']]
# 创建变量 results,调用 apriori() 函数,传入参数: orders,最小支持度为 0.15
# 最小置信度为 0.65
results = apriori(orders,min_support = 0.15, min_confidence = 0.65)
# 查看变量 results
for result in results:
    print(result)
```

运行结果如图 12.12 所示。

```
RelationRecord(items=frozenset({'尿不湿'}), support=0.8, ordered_statistics=[OrderedStatistic(items_base=frozenset(), items_add=frozenset
({'尿不湿'}), confidence=0.8, lift=1.0)])
RelationRecord(items=frozenset({'生菜'}), support=0.8, ordered_statistics=[OrderedStatistic(items_base=frozenset(), items_add=frozenset
({'生菜'}), confidence=0.8, lift=1.0)])
RelationRecord(items=frozenset({'豆奶'}), support=0.8, ordered_statistics=[OrderedStatistic(items_base=frozenset(), items_add=frozenset
({'豆奶'}), confidence=0.8, lift=1.0)])
RelationRecord(items=frozenset({'橙汁', '尿不湿'}), support=0.4, ordered_statistics=[OrderedStatistic(items_base=frozenset({'橙汁'}), items_
add=frozenset({'尿不湿'}), confidence=1.0, lift=1.25)])
RelationRecord(items=frozenset({'尿不湿', '甜菜'}), support=0.2, ordered_statistics=[OrderedStatistic(items_base=frozenset({'甜菜'}), items_
add=frozenset({'尿不湿'}), confidence=1.0, lift=1.25)])
RelationRecord(items=frozenset({'生菜', '尿不湿'}), support=0.6, ordered_statistics=[OrderedStatistic(items_base=frozenset({'尿不湿'}), items_
add=frozenset({'生菜'}), confidence=0.7499999999999999, lift=0.9374999999999998), OrderedStatistic(items_base=frozenset({'生菜'}), items_a
dd=frozenset({'尿不湿'}), confidence=0.7499999999999999, lift=0.9374999999999998)])
RelationRecord(items=frozenset({'葡萄酒', '尿不湿'}), support=0.6, ordered_statistics=[OrderedStatistic(items_base=frozenset({'尿不湿'}), item
s_add=frozenset({'葡萄酒'}), confidence=0.7499999999999999, lift=1.2499999999999998), OrderedStatistic(items_base=frozenset({'葡萄酒'}), i
tems_add=frozenset({'尿不湿'}), confidence=1.0, lift=1.25)])
RelationRecord(items=frozenset({'豆奶', '尿不湿'}), support=0.6, ordered_statistics=[OrderedStatistic(items_base=frozenset({'尿不湿'}), items_
add=frozenset({'豆奶'}), confidence=0.7499999999999999, lift=0.9374999999999998), OrderedStatistic(items_base=frozenset({'豆奶'}), items_a
dd=frozenset({'尿不湿'}), confidence=0.7499999999999999, lift=0.9374999999999998)])
```

图 12.12　调用 apriori()函数的运行结果

运行结果一共有 29 条 RelationRecord(关系记录),先提取其中第 1 条记录如下:

```
RelationRecord(
    items = frozenset({'尿不湿'}),
    support = 0.8,
    ordered_statistics = [
        OrderedStatistic(
            items_base = frozenset(),
            items_add = frozenset({'尿不湿'}),
            confidence = 0.8,
            lift = 1.0
        )
    ]
)
```

然后再来看第 5 条记录:

```
RelationRecord(
    items = frozenset({'尿不湿', '甜菜'}),
```

```
        support = 0.2,
        ordered_statistics = [
            OrderedStatistic(
                items_base = frozenset({'甜菜'}),
                items_add = frozenset({'尿不湿'}),
                confidence = 1.0,
                lift = 1.25
            )
        ]
    )
```

再来看第 6 条记录：

```
RelationRecord(
        items = frozenset({'生菜', '尿不湿'}),
        support = 0.6,
        ordered_statistics = [
            OrderedStatistic(
                items_base = frozenset({'尿不湿'}),
                items_add = frozenset({'生菜'}),
                confidence = 0.7499999999999999,
                lift = 0.9374999999999998
            ),
            OrderedStatistic(
                items_base = frozenset({'生菜'}),
                items_add = frozenset({'尿不湿'}),
                confidence = 0.7499999999999999,
                lift = 0.9374999999999998
            )
        ]
    )
```

现在对以上数据结构进行分析。

RelationRecord（关系记录）和 OrderedStatistic（有序的统计数据）是模块作者自定义的命名元组（namedtuple），可以理解成一种通过名称访问的元组。

frozenset 是一种不可变的集合。

一条关系记录（RelationRecord）包含了频繁项集的基本信息：**频繁项集 items、支持度 support 和统计列表 ordered_statistics**。

一条统计列表（ordered _ statistics）包含了该频繁项集下构建的所有**强关联规则 OrderedStatistic**。

一条强关联规则（OrderedStatistic）包含了该规则的基本信息：**前件 items_base、后件 items_ add、置信度 confidence 和提升度 lift**。

注：若找到前件为**空集**的强关联规则，那么这条规则其实没有什么现实意义，可直接删除（如第一条关系记录中的强关联规则）。

现在需要将强关联规则表示为容易理解的产生式的形式，将以上代码进行完善：

```
# 导入 apyori 模块下的 apriori()函数
from apyori import apriori
# 创建 5 条杂货店交易数据
orders = [['豆奶', '生菜'], ['生菜', '尿不湿', '葡萄酒','甜菜'], ['豆奶', '尿不湿', '葡萄酒', '橙汁'], ['生菜', '豆奶','尿不湿','葡萄酒'], ['生菜', '豆奶','尿不湿','橙汁']]
# 创建变量 results,调用 apriori() 函数,传入参数: orders,最小支持度为 0.15
# 最小置信度为 0.65
results = apriori(orders,min_support = 0.15, min_confidence = 0.65)
```

```
# 查看变量 results
for result in results:
        # 获取支持度,并保留 3 位小数
        support = round(result.support, 3)

        # 遍历 ordered_statistics 对象
        for rule in result.ordered_statistics:
                # 获取前件和后件并转换为列表
                head_set = list(rule.items_base)
                tail_set = list(rule.items_add)

                # 跳过前件为空的数据
                if head_set == []:
                        continue

                # 将前件、后件拼接成关联规则的形式
                related_category = str(head_set) + '→' + str(tail_set)

                # 提取置信度,并保留 3 位小数
                confidence = round(rule.confidence, 3)
                # 提取提升度,并保留 3 位小数
                lift = round(rule.lift, 3)

                # 查看强关联规则、支持度、置信度和提升度
                print(related_category, support, confidence, lift)
```

输出结果如下:

```
['橙汁']→['尿不湿'] 0.4 1.0 1.25
['甜菜']→['尿不湿'] 0.2 1.0 1.25
['尿不湿']→['生菜'] 0.6 0.75 0.937
['生菜']→['尿不湿'] 0.6 0.75 0.937
['尿不湿']→['葡萄酒'] 0.6 0.75 1.25
['葡萄酒']→['尿不湿'] 0.6 1.0 1.25
['尿不湿']→['豆奶'] 0.6 0.75 0.937
['豆奶']→['尿不湿'] 0.6 0.75 0.937
['橙汁']→['豆奶'] 0.4 1.0 1.25
['甜菜']→['生菜'] 0.2 1.0 1.25
['甜菜']→['葡萄酒'] 0.2 1.0 1.667
['葡萄酒']→['生菜'] 0.4 0.667 0.833
['生菜']→['豆奶'] 0.6 0.75 0.937
['豆奶']→['生菜'] 0.6 0.75 0.937
['葡萄酒']→['豆奶'] 0.4 0.667 0.833
['生菜', '橙汁']→['尿不湿'] 0.2 1.0 1.25
['葡萄酒', '橙汁']→['尿不湿'] 0.2 1.0 1.25
['橙汁']→['豆奶', '尿不湿'] 0.4 1.0 1.667
['橙汁', '尿不湿']→['豆奶'] 0.4 1.0 1.25
['豆奶', '尿不湿']→['橙汁'] 0.4 0.667 1.667
['橙汁', '豆奶']→['尿不湿'] 0.4 1.0 1.25
['甜菜']→['生菜', '尿不湿'] 0.2 1.0 1.667
['尿不湿', '甜菜']→['生菜'] 0.2 1.0 1.25
['生菜', '甜菜']→['尿不湿'] 0.2 1.0 1.25
['甜菜']→['葡萄酒', '尿不湿'] 0.2 1.0 1.667
['尿不湿', '甜菜']→['葡萄酒'] 0.2 1.0 1.667
['葡萄酒', '甜菜']→['尿不湿'] 0.2 1.0 1.25
['葡萄酒']→['生菜', '尿不湿'] 0.4 0.667 1.111
['生菜', '尿不湿']→['葡萄酒'] 0.4 0.667 1.111
['葡萄酒', '尿不湿']→['生菜'] 0.4 0.667 0.833
```

['葡萄酒', '生菜']→['尿不湿'] 0.4 1.0 1.25
['生菜', '尿不湿']→['豆奶'] 0.4 0.667 0.833
['豆奶', '尿不湿']→['生菜'] 0.4 0.667 0.833
['生菜', '豆奶']→['尿不湿'] 0.4 0.667 0.833
['葡萄酒']→['豆奶', '尿不湿'] 0.4 0.667 1.111
['葡萄酒', '尿不湿']→['豆奶'] 0.4 0.667 0.833
['豆奶', '尿不湿']→['葡萄酒'] 0.4 0.667 1.111
['葡萄酒', '豆奶']→['尿不湿'] 0.4 1.0 1.25
['生菜', '橙汁']→['豆奶'] 0.2 1.0 1.25
['葡萄酒', '橙汁']→['豆奶'] 0.2 1.0 1.25
['甜菜']→['葡萄酒', '生菜'] 0.2 1.0 2.5
['生菜', '甜菜']→['葡萄酒'] 0.2 1.0 1.667
['葡萄酒', '甜菜']→['生菜'] 0.2 1.0 1.25
['生菜', '橙汁']→['豆奶', '尿不湿'] 0.2 1.0 1.667
['生菜', '橙汁', '尿不湿']→['豆奶'] 0.2 1.0 1.25
['生菜', '橙汁', '豆奶']→['尿不湿'] 0.2 1.0 1.25
['葡萄酒', '橙汁']→['豆奶', '尿不湿'] 0.2 1.0 1.667
['葡萄酒', '橙汁', '尿不湿']→['豆奶'] 0.2 1.0 1.25
['葡萄酒', '橙汁', '豆奶']→['尿不湿'] 0.2 1.0 1.25
['甜菜']→['葡萄酒', '生菜', '尿不湿'] 0.2 1.0 2.5
['尿不湿', '甜菜']→['葡萄酒', '生菜'] 0.2 1.0 2.5
['生菜', '甜菜']→['葡萄酒', '尿不湿'] 0.2 1.0 1.667
['葡萄酒', '甜菜']→['生菜', '尿不湿'] 0.2 1.0 1.667
['生菜', '尿不湿', '甜菜']→['葡萄酒'] 0.2 1.0 1.667
['葡萄酒', '尿不湿', '甜菜']→['生菜'] 0.2 1.0 1.25
['葡萄酒', '生菜', '甜菜']→['尿不湿'] 0.2 1.0 1.25
['葡萄酒', '生菜', '豆奶']→['尿不湿'] 0.2 1.0 1.25

第13章

文本挖掘与分析

13.1 文本挖掘概述

生活和工作中,可获取的大部分信息都是以文本形式存储在文本数据库中的,这些信息由来自各种数据源的大量文档组成,如新闻文档、研究论文、书籍、数字图书馆、电子邮件和 Web 页面等。文本挖掘就是从这些海量的文本信息资源中提取符合需求、使人感兴趣的有用模式和隐藏信息。在大数据时代,文本挖掘已经成为研究热点与研究重点。

13.1.1 文本挖掘的定义

文本挖掘(text mining)是一个从非结构化文本信息中获取用户感兴趣或者有用模式的过程。其中被普遍认可的文本挖掘定义如下:文本挖掘是指从大量文本数据中抽取事先未知的、可理解的、最终可用的**知识**的过程,同时运用这些**知识**更好地组织信息以便将来参考。

文本挖掘的主要目的是从原本未经处理的文本中提取出未知的知识,同时文本挖掘也是一项非常困难的工作,因为它必须处理那些本来就模糊而且非结构化的文本数据,所以它是一个交叉的研究领域,需要很多学科的支持,如语言学、自然语言处理、数据挖掘、机器学习、统计概率、信息检索等。

小贴士

这里所说的**知识**(knowledge)是信息的一部分,是对自然、社会、思维活动、形态、规律的认识和把握,并加以描述。描述是知识和认识的关键区别,凡是认识了的东西都可以描述。知识经过描述,就必须依赖物质载体才能存储起来,并进行流传、积累、交流、发展、开发与利用等。

13.1.2 文本挖掘的过程

典型的文本挖掘的过程如图 13.1 所示。首先要从文本中提取合适的特征,将文本表示成计算机能够理解的数字形式(这样才能计算,以便发挥计算机强大的计算能力)。文本的特征常用字和词来表示,所以**分词**就显得特别重要。特别对于中文来说,词之间没有明显的分隔符,那就有多种切分可能,会造成分词歧义。而特征的量化是大多数文本挖掘任务的关键。文本特征量化和提取完成以后，就可以使用各种算法进行建模完成各类文本分析任务，发现隐藏在文本中的知识。

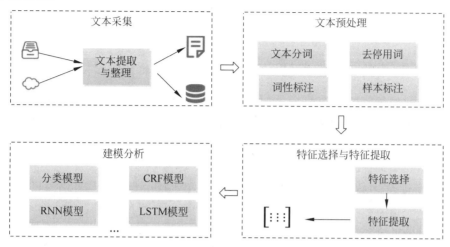

图 13.1 文本挖掘的过程

1. 文本采集

文本数据有些是经过整理的文献资料，更多的则来自网页的文本。网页数据通常利用爬虫工具从相关的网站中抓取出来。爬虫有主题爬虫和通用爬虫，用户还可以根据需要对爬虫进行定制。网页中包含很多与文本内容无关的数据，如导航、HTML/XML 格式标签、JS (JavaScript)代码、广告、注释等，这些都需要去掉。少量的非文本内容可以直接用 Python 的正则表达式删除。复杂的网页可以使用 Python 的开源库 BeautifulSoup 提取有效文本数据。整理干净的文本根据任务的需求，可能按照篇章、段落、句子等不同级别编号后保存到数据库或文本文件中。

2. 文本预处理

文本预处理包括文本分词、去停用词、词性标注和样本标注等。文本数据分析的最小单位是词语，有些语言文本句子中没有词语分割的标记，如中文"日本"等，分析前就需要首先进行词语切分。

去停用词的目的是删除那些对文本特征没有任何贡献的词语，如"的""地""啊"及一些标点符号等。除了常规的停用词外，还可以根据应用的领域、分析目标等添加相应的停用词。分词工具通常都提供停用词库，用户也可以自行编辑停用词库。

词性用来描述一个词在上下文中的作用，如描述一个概念的是名词，在下文中引用这个名词的词称为代词。标有词性的词能够为句子的后续处理带来更多的有用信息。通常的文本处理工具包都提供词性标注功能，不过某些文本处理事务不一定需要词性信息。

由于语言上下文的关联、词的多义性和多用途，文本分词和词性标注都还不可能完全准确，存在一定的错误。根据分析任务的不同，通常还需要通过人工或半自动化的方法对文档集进行标注，获得带有任务结果标签的数据集，以便建模分析使用。

3. 特征选择与特征提取

在文本预处理后，将文本转换为特征表示集合，包括词频、词性、词上下文和词位置等，再根据文本处理的任务来选择出具体的特征。机器学习的模型算法均要求输入的数据必须是数值型的，所以对于文本类型的特征，需要进行文本数据转换，也就是需要将文本数据转换为数值型数据，常用的方法有词袋模型、主题模型及词向量模型等。

4. 建模分析

文本集被转换为向量数据后就可以利用各种算法进行建模,完成各类文本分析任务。目前文本分析主要利用机器学习的分类模型、隐马尔可夫、条件随机场(CRF)等序列标注模型及 RNN、LSTM 等深度学习模型。

13.1.3 Python 中的文本挖掘包

Python 在自然语言处理(NLP)、文本处理与文本挖掘等领域有着广泛的应用。Python 中含有丰富的可以用作文本挖掘的工具包,可以直接调用;而且 Python 支持自定义包,使用起来很方便。网上也比较容易找到有许多优秀的文本挖掘相关模块与研究成果,可以为使用 Python 做文本挖掘提供参考。

下面列出一些比较常用的文本挖掘相关包。Python 网页爬虫工具包有 Scrapy、BeautifulSoup、lxml、Selenium; Python 文本处理工具包有 NLTK、Stanford CoreNLP、Jieba、TextRank、Gensim 等。当然,文本挖掘也要用到前面章节介绍过的 Python 科学计算工具包:numpy、pandas、SciPy、matplotlib 以及 Python 机器学习工具包 scikit-learn 等。下面主要介绍其中的几个。

NLTK 是 Python 中用来处理自然语言的工具包,它提供了几十个广泛使用的语料库接口,可以通过这些接口实现获取与处理语料库、词性标注、字符串处理、分类、语义解释、指标评测等多项语言处理功能。

Stanford CoreNLP 是由斯坦福大学开发的一套 Java NLP 工具,用于提供诸如分词、词性标注(Part of Speech Tagging,PoS Tagging)、命名实体识别(Named Entity Recognition,NER)、情感分析、句法树及依存句法分析等功能。

Jieba 目前使用较多,也是较好的 Python 中文分词工具。它提供了分词、词性标注、用户自定义词典及关键词提取等功能。

TextRank 是一个 Python 的文本处理工具包,主要用于从文本中抽取关键词。TextRank 采用的算法是一种文本排序算法,由网页重要性排序算法 Google PageRank 改进而来。它能够从一个给定的文本中提取出该文本的关键词、关键词组,并使用抽取式的自动文摘方法提取出该文本的关键句。

scikit-learn 是一个开源机器学习工具包,可以进行文本标记、文本特征提取、文本特征量化等操作,还可以调用 scikit-learn 的分类算法、聚类算法及训练数据来训练文本分类器模型与文本聚类模型。

13.2 Python 文本特征提取与特征选择

13.2.1 中文分词

词是最小的能够独立活动的有意义的语言单元。英文单词之间是以空格作为自然分界符,而中文以字为基本书写单位,词语之间没有明确的区分标记。为了理解中文语义,首先需要将句子划分为以词为基本单位的词串,这就是中文分词(chinese word segmentation)。分词将连续的字序列按照一定的规范重新组合成词序列。现有的分词方法主要分为两种:一种是基于词典的分词方法,将句子按照一定的策略与词典进行匹配识别;另一种是基于统计的分词方法,统计文档中上下文相邻的字联合出现的概率,概率高的识别为词。

Python 的中文分词包有很多,这里重点介绍比较常用也比较好用的 Jieba 库的分词函数。

Jieba 库的分词函数基于一个中文的机器字典实现,也支持繁体字分词和用户自定义字典。Jieba 库提供如下三种分词模式。

（1）精确模式：试图将句子精确地切开,适合文本分析。

（2）全模式：将句子中所有可以成词的词语都扫描出来,速度非常快,但不能解决歧义。

（3）搜索引擎模式：在精确模式的基础上,对长词再次切分,提高召回率,适合用于搜索引擎分词。

Jieba 库的分词函数如表 13.1 所示。

表 13.1　Jieba 库的分词函数

函　　　数	参 数 说 明
cut(sentence, cut_all＝False, HMM＝True)	sentence：待分词的字符串；cut_all：是否采用全模式；HMM：是否使用 HMM 模型。返回可迭代的 generator。支持精确模式和全模式
cut_for_search(sentence，HMM＝True)	sentence：待分词的字符串；HMM：是否使用 HMM 模型。返回可迭代的 generator。该方法为搜索引擎模式,适合用于建立搜索引擎构建倒排索引,粒度比较细
lcut(sentence, cut_all＝False, HMM＝True)	与 cut()函数类似,直接返回词列表
lcut_for_search(sentence, HMM＝True)	与 cut_for_search()函数类似,直接返回词列表

例 13.1：将文本句子“2022 年北京冬季奥运会,是由中国举办的国际性奥林匹克赛事,于 2022 年 2 月 4 日开幕,2 月 20 日闭幕”进行分词。

相应代码为：

```
import jieba
words = '2022年北京冬季奥运会,是由中国举办的国际性奥林匹克赛事,于2022年2月4日开幕,2月20日闭幕'
default_mode = jieba.cut(words)
full_mode = jieba.cut(words,cut_all = True)
serach_mode = jieba.cut_for_search(words)
print('精确模式','/'.join(default_mode))
print('全模式','/'.join(full_mode))
print('搜索引擎模式','/'.join(search_mode))
```

输出结果如图 13.2 所示。

```
精确模式 2022/年/北京/冬季/奥运会/,/是/由/中国/举办/的/国际性/奥林匹克/赛事/,/于/2022/年/2/月/4/日/开幕/,/2/月/20/日/闭幕
全模式 2022/年/北京/冬季/奥运/奥运会/,/是/由/中国/举办/的/国际/国际性/奥林匹/奥林匹克/奥林匹克赛/赛事/,/于/2022/年/2/月/4/日/开幕/,/2/月/20/日/闭幕
搜索引擎模式 2022/年/北京/冬季/奥运/奥运会/,/是/由/中国/举办/的/国际/国际性/奥林匹/奥林匹克/赛事/,/于/2022/年/2/月/4/日/开幕/,/2/月/20/日/闭幕
```

图 13.2　Jieba 分词函数的应用

在上述代码中,各方法的参数含义如下。

jieba.cut()方法接收两个输入参数：第一个参数为需要分词的字符串；第二个参数 cut_all 用来控制是否采用全模式,默认不采用。

jieba.cut_for_search()方法接收一个参数：需要分词的字符串。该方法适用于搜索引擎构建倒排索引的分词,粒度比较细。

经过上面的步骤,已经对所有的词进行了分类。但是这些词并不都是所需要的,如英文中的 a、of、is 等；中文中的“是”“的”等词也不会对文本挖掘的整个流程产生什么影响,因为这些词在所有的文章中都大量存在,并不能反映出文本的意思,可以处理掉,这个操作称为**去停用词**。

当然针对不同的应用可能还有很多其他词也是可以去掉的,例如形容词等。具体实现如下:

```python
import jieba
stopWords = {}.fromkeys(['的','是'])
segs = jieba.cut('2022年冬季奥运会,是中国历史上第一次承办冬季奥运会,将于2022年2月4日
在中国的北京开幕。')
result = ''
for seg in segs:
        if seg not in stopWords:
            result += seg
print('去停用词后结果: ',result)
print('分词后结果: ','/'.join(jieba.lcut(result)))
```

运行结果如图 13.3 所示。

去停用词后结果: 2022年冬季奥运会, 中国历史上第一次承办冬季奥运会, 将于2022年2月4日在中国北京开幕。
分词后结果: /2022/年/冬季/奥运会/, /中国/历史/上/第一次/承办/冬季/奥运会/, /将/于/2022/年/2/月/4/日/在/中国/北京/开幕/。

图 13.3　去停用词分词示例

13.2.2　词频统计

在对文本进行分词处理后,接下来使用 pandas 来进行词频统计,为生成词云做准备。这里选择《十九届六中全会公报》原文来实现该部分的介绍。

```python
#(1)导入需要的包和需要读取的文件
import jieba
import pandas

file = open("C:\python学习\十九届六中全会公报.txt", 'r', encoding = 'utf - 8')
content = file.read()
#(2)对文本进行分词并使用 pandas 对分词结果构造数据框
segments = []
segs = jieba.cut(content)                    #默认模式
for seg in segs:
        if len(seg)> 1:
                    segments.append(seg)
#利用字典构造 pandas 数据框
segmentDF = pandas.DataFrame({'segment':segments})
#(3)去除停用词
#设置 quoting = 3,会如实读取英文引号内内容,不设置 quoting,否则默认会去除英文双引号,只留下
#英文双引号内的内容
stopwords = pandas.read_csv('C:\python学习\Stopwords.txt',encoding = 'utf - 8',
                                index_col = False,quoting = 3, sep = "\t" )
#~代表除掉后续内容
segmentDF = segmentDF[~segmentDF['segment'].isin(stopwords)]
#(4)使用 pandas 进行词频统计并显示前 10 个结果
segStat = segmentDF.groupby(by = ["segment"] )["segment"].agg(["count"]).reset_index().sort_
values(by = "count", ascending = False)
segStat.head(10)
```

输出结果如图 13.4 所示。

在词频统计生成的结果图中,第一列代表分组后自动生成的列索引,第二列代表文本进行分词得到的词,第三列代表第二列的词出现的次数。

	segment	count
56	中国	74
712	社会主义	61
282	发展	49
444	建设	39
92	人民	38
338	坚持	37
672	特色	30
571	时代	29
391	实现	29
178	全面	26

图 13.4　词频统计生成效果

13.2.3　词云分析

在信息纷繁的今天,如果想快速抓住用户和读者的眼球,一张漂亮的词云必不可少。"词云"就是对文本中出现频率较高的关键词予以视觉上的突出,形成"关键词云图"或"关键词渲染"。生成词云的包和软件非常多,这里选择 Python 中的第三方库——worldcloud 来具体实践。

在进行词云生成时,WordCloud()函数涉及很多参数,如表 13.2 所示。

表 13.2　WordCloud()函数的参数

参　　数	描　　述
width	指定词云对象生成图片的宽度,默认为 400 像素
height	指定词云对象生成图片的高度,默认为 200 像素
min_font_size	指定词云中字体的最小字号,默认为 4 号
max_font_size	指定词云中字体的最大字号,根据高度自动调节
font_step	指定词云中字体字号的步进间隔,默认为 1
font_path	指定字体文件的路径,默认为 None
max_words	指定词云显示的最大单词数量,默认为 200
stop_words	指定词云的去除词列表,即不显示的单词列表
mask	指定词云形状,默认为长方形,需要引用 imread()函数
background_color	指定词云图片的背景颜色,默认为黑色
scale	按比例放大或缩小画布,默认为 1

例 13.2：以《十九届六中全会公报》为例,生成词云。

```
import matplotlib.pyplot as plt
from wordcloud import WordCloud
# 数据框转换为列表
segList = segStat.values.tolist()
# 列表转换为元组
segTuple = tuple(segList[:100])
# v 是词频
segDict = {k:v for k,v in segTuple }
# 注意设置中文字体,设置显示的最多单词数为 100
wordcloud = WordCloud(font_path = 'simhei.ttf', scale = 60, max_font_size = 40, max_words = 100).
fit_words(segDict)
```

```
plt.figure()
plt.imshow(wordcloud)
plt.axis("off")
plt.show()
plt.close()
```

图 13.5　词云图生成效果

输出结果如图 13.5 所示。

分词后,若想生成特定形状的词云,需要先将背景图片导入进行图片展示,这个过程需要利用 PIL 库中的 Image.open()函数将图片加载进来。随后需要导入 numpy 库,利用其中的 np.array()函数将图片转换为 ndarray 类型的数据。最后再用 wordcloud 中的 WordCloud()函数根据分词结果生成词云,并通过 matplotlib 库中的一系列函数进行展示。

例 13.3:以《十九届六中全会公报》为例,生成如图 13.6 所示的指定背景形状的词云图。参考代码如下:

```
import matplotlib.pyplot as plt
from wordcloud import WordCloud
from PIL import Image
from matplotlib import colors
import numpy as np

# 数据框转换为列表
segList = segStat.values.tolist()
# 列表转换为元组
segTuple = tuple(segList[:100])
# v 是词频
segDict = {k:v for k,v in segTuple }
# 导入背景图(心形图片),注意背景图除了目标形状外,其余地方都应是空白的
background = Image.open(r'C:\python学习\1.jpg')
# 将背景图转换为 ndarray 类型的数据
graph = np.array(background)
# 设置词云中字体颜色可选择的范围
color_list = ["#FF0000","#FF0000","#DC143C"]
colormap = colors.ListedColormap(color_list)
# 生成词云,font_path 为词云中的字体,background_color 为词云图中的背景颜色
# mask 为背景图,colormap 为词云图的颜色
wordcloud = WordCloud(font_path = 'simhei.ttf',background_color = "white",colormap = colormap,
mask = graph).fit_words(segDict)
# 运用 matplotlib 中的相关函数生成词云
plt.figure()
plt.imshow(wordcloud)
plt.axis("off")
plt.show()
plt.close()
```

图 13.6　指定形状词云图生成效果

13.2.4　文本特征提取

文本数据无法通过计算机直接处理,需要将其数字化。特征提取的目的是将文本字符串转换为数字特征向量。这里介绍基本的词袋模型和 TF-IDF 模型。

1. 词袋模型

词袋(bag of words)模型的基本思想是将一条文本仅看作一些独立的词语的集合,忽略文

本的词序、语法和句法。简单地说就是将每条文本都看成一个袋子,里面装的都是词,称为词袋。后续分析时就用词袋代表整篇文章。

建立词袋模型,首先需要对文档集中的文本进行分词,统计在所有文本中出现的词条,构建整个文档集的词典,假设词典长度为 n;然后为每条文本生成长度为 n 的一维向量,值为字典中对应序号的词在该文本中出现的次数。

例 13.4:文档集包含以下三条中文文本,提取文档集的词袋模型特征。

句子 1:我是中国人,我爱中国

句子 2:我是北京人,我爱北京

句子 3:我住在北京海淀

(1) 分词,3 个句子的分词结果如下,用"/"表示词的分隔。

句子 1:我/是/中国/人/,/我/爱/中国

句子 2:我/是/北京/人/,/我/爱/北京

句子 3:我/住/在/北京/海淀

(2) 构造文档集词典。将所有句子中出现的词拼接起来,去除重复词、标点符号后,得到包含 9 个单词的字典。

{'中国':0, '人':1, '住':2, '在':3, '我':4, '是':5, '海淀':6, '爱':7, '北京':8}

字典中词是键,值是该词的序号,词的序号与其在句子中出现的顺序没有关联。

(3) 根据文档集字典,计算每个句子的特征向量,即词袋。每个句子被表示为长度为 9 的向量,其中第 i 个元素表示字典中值为 i 的单词在句子中出现的次数。

句子 1:[2 1 0 0 2 1 0 1 0]

句子 2:[0 1 0 0 2 1 0 1 2]

句子 3:[0 0 1 1 1 0 1 0 1]

为每条文本生成词袋需要使用 scikit-learn 工具包提供的 feature_extraction. text 模块的 CountVectorizer 类。相关代码如下。

词袋模型初始化:

```
cv = CountVectorizer(token_pattern)
```

生成词袋向量:

```
cv_fit = cv.fit_transform(split_corpus)
```

参数说明:

token_pattern:token 模式的正则表达式,默认为 None。

split_corpus:文本词列表。

下面给出实现词过程的代码。

```
from sklearn.feature_extraction.text import CountVectorizer
import jieba
#给出文档集,放在字符串列表中
corpus = ["我是中国人,我爱中国", "我是北京人,我爱北京", "我住在北京海淀"]
split_corpus = []                    #初始化存储 jieba 分词后的列表
#循环为 corpus 中的每个字符串分词
for c in corpus:
    #将 Jieba 分词后的字符串列表拼接为一个字符串,元素之间用" "分隔
    #将分词得到的列表
    s = " ".join(jieba.lcut(c))
    #将分词结果字符串添加到列表中
```

```
        split_corpus.append(s)
print(split_corpus)
#生成词袋
cv = CountVectorizer()
cv_fit = cv.fit_transform(split_corpus)
print(cv.get_feature_names())              #显示特征列表
print(cv_fit.toarray())                    #显示特征向量
```

输出结果如图 13.7 所示。

```
['我 是 中国 人 ， 我 爱 中国','我 是 北京 人 ， 我 爱 北京','我 住 在 北京 海淀']
['中国', '北京', '海淀']
[[2 0 0]
 [0 2 0]
 [0 1 1]]
```

图 13.7 词袋模型特征提取

以上运行结果实现了对每个字符串分词,将结果作为一个字符串放入 split_corpus 列表中,如图 13.8 所示。

```
['我 是 中国 人 ， 我 爱 中国','我 是 北京 人 ， 我 爱 北京','我 住 在 北京 海淀']
```

图 13.8 split_corpus 列表存放每个字符串的分词结果

cv.get_feature_names()函数给出文档字典,即特征列表,如图 13.9 所示。

最后,每个字符串被转换为如图 13.10 所示的特征向量。

```
['中国', '北京', '海淀']
```

图 13.9 cv.get_feature_names()函数
获取特征列表

```
[[2 0 0]
 [0 2 0]
 [0 1 1]]
```

图 13.10 将字符串转换为
特征向量

这时得到的文档字典只包含 3 个词,由于 CountVectorizer()函数在默认情况下只将字符数大于 1 的词作为特征,所以"人""住"等特征词均被过滤掉了。若需保留这些特征词,则需要修改 token_pattern 的参数值,将默认的值"(?u)\b\w\w+\b"修改为"(?u)\b\w+\b"。

```
#修改 token_pattern 默认参数,保留所有词特征
cv = CountVectorizer(token_pattern = r"(?u)\b\w + \b")
cv_fit = cv.fit_transform(split_corpus)
print(cv.get_feature_names())              #显示特征列表
print(cv_fit.toarray())                    #显示特征向量
```

修改后即可得到包含所有词语的特征列表,如图 13.11 所示。

这时每个字符串被转换为 9 维的特征向量,如图 13.12 所示。

```
['中国', '人', '住', '北京', '在', '我', '是', '海淀', '爱']
```

图 13.11 修改 token_pattern 参数获取全部特征列表

```
[[2 1 0 0 0 2 1 0 1]
 [0 1 0 2 0 2 1 0 1]
 [0 0 1 1 1 1 0 1 0]]
```

图 13.12 修改参数后得到的
9 维特征数量

小贴士

scikit-learn 是针对 Python 编程语言的免费软件机器学习库。它具有各种分类、回归和聚类算法,包括支持向量机、随机森林、梯度提升、k 均值和 DBSCAN,可与 Python 数值科学

库 numpy 和 SciPy 联合使用。更详细的信息可以参考 scikit-learn 中文社区 https://scikit-learn. org. cn/。

2. TF-IDF 模型

TF-IDF(Term Frequency-Inverse Document Frequency)表示词频-逆文档频率,用于评估一个词对于一篇文档的重要程度。

词频(TF)表示某个词在文档中出现的次数或频率,如果某个词在某文档中出现多次,则说明这个词可能比较重要或者是文档常用词。一篇文章中出现频率最高的词可能是"的""是""也"等,这些词不能反映文章的意思,此时就需要对每个词加一个权重,最常见的词("的""是""在")给予最小的权重,较少见的但能反映这篇文章意思的词给予较大的权重,这个权重叫作逆文档频率(Inverse Document Frequency,IDF)。逆文档频率是一个词语普遍重要性的度量,计算方法是将文档集中总文档数量除以包含该词语的文档数量,再将得到的商取对数。

$$词频(TF) = \frac{某个词在文章中的出现次数}{文章的总词数}$$

$$逆文档频率(IDF) = \log\left(\frac{语料库中的文档总数}{包含该词的文档数 + 1}\right)$$

TF-IDF 值是 TF 和 IDF 的乘积。如果词语在某一特定文档中是高频率词,且该词语在整个文档集合中出现频率较低,则 TF-IDF 值较高。因此,TF-IDF 倾向于过滤掉常用的词语,保留重要的词语。

在 scikit-learn 中,有两种方法计算 TF-IDF 模型特征:第一种方法是在用 CountVectorizer 类向量化之后再调用 TfidfTransformer 类;第二种方法是直接用 TfidfVectorizer 完成向量化与 TF-IDF 计算。

例 13.5:使用例 13.4 中的文档集,提取 TF-IDF 模型特征。

(1) 使用 feature_extraction. text 模块的 TfidfTransformer 类,代码如下。

```
♯在例 13.4 的代码后添加如下代码
from sklearn. feature_extraction. text import TfidfTransformer
♯第一种方法:将词袋特征转换为 TF-IDF 模型特征
tfidf_transformer = TfidfTransformer()
tfidf_fit = tfidf_transformer. fit_transform(cv_fit)
♯显示 TF-IDF 模型特征向量
print(tfidf_fit. toarray())
```

输出结果如图 13.13 所示。

```
[[0.74897921 0.284809   0.          0.          0.          0.44235919
  0.284809   0.          0.284809   ]
 [0.          0.32594976 0.          0.65189951 0.          0.50625813
  0.32594976 0.          0.32594976]
 [0.          0.          0.50461134 0.38376993 0.50461134 0.29803159
  0.          0.50461134 0.          ]]
```

图 13.13　TF-IDF 模型特征提取

(2) 直接使用 feature_extraction. text 模块的 TfidfVectorizer 类,代码如下。

```
from sklearn. feature_extraction. text import TfidfVectorizer
♯直接用分词后得到的列表计算 TF-IDF 模型特征表示
tfidf = TfidfVectorizer(token_pattern = r"(?u)\b\w + \b")
tfidf_fit = tfidf. fit_transform(split_corpus)
print(tfidf_fit. toarray()) ♯显示 TF-IDF 模型特征向量
```

输出结果如图 13.14 所示。

```
[[0.74897921 0.284809    0.          0.          0.          0.44235919
  0.284809    0.          0.284809  ]
 [0.          0.32594976  0.          0.65189951 0.          0.50625813
  0.32594976  0.          0.32594976]
 [0.          0.          0.50461134 0.38376993 0.50461134 0.29803159
  0.          0.50461134  0.        ]]
```

图 13.14　使用 feature_extraction.text 模块的 TfidfVectorizer 类提取模型特征

两种方法得到的 TF-IDF 模型特征向量是一致的。

13.3　文本分类实例：垃圾邮件识别

13.3.1　文本分类概述

文本分类与数据挖掘的分类技术一样,也是一种有监督的机器学习技术。文本分类采用的分类技术可以利用机器学习与数据挖掘的大多数分类算法,例如最近邻分类器、规则学习算法、贝叶斯分类器、支持向量机、人工神经网络、集成学习等。建立文本分类器,需要一个预先分好类的文本数据集,每段文本或每个文档对应一个类别。文本分类器训练好,经过评估可用后,可以对未知类别的文本进行自动分类,不需要专家干预,能适应于任何领域。

文本分类的流程如图 13.15 所示,分为三个步骤。

(1) 文本表示:将进行预处理后的文本源使用前面介绍的布尔模型、向量空间模型等转换为数据矩阵,例如矩阵中的每一行是一篇文档、每一列是一个词(特征项),而单元格中的值是词的权重,可以通过 TF-IDF、词向量等计算得到。

(2) 分类器构建:选择常用的有监督分类技术来构建文本分类器。分类技术可以选择决策树、贝叶斯、支持向量机等,不同的分类技术有各自的优缺点和适用条件,可以通过实验来比较具体场景中选择哪一种分类技术更合适。

(3) 效果评估:在分类过程完成后,需要对分类效果进行评估。如图 13.15 所示,上半部分是学习训练路径,下半部分是测试评估路径。评估过程是将训练好的模型应用于测试集上,以此判断文本分类器的效果。常用的评估指标与数据挖掘相同,包括精度、召回率、F1 值等。

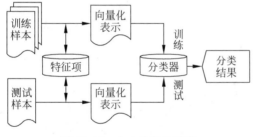

图 13.15　文本分类的流程

13.3.2　文本分类的 Python 实现

总的来说,文本分类的应用较广,常见的应用主要有垃圾邮件的判定、新闻出版按照栏目分类、词性标注、词义排歧、机器翻译、自动文摘、邮件分类等。例如,要为某数据中心做科技文献的文本分类。这些文献包括学术论文、研究报告、科技新闻报道、专利等。通过文本分类,可以有效地组织和管理这些电子文本信息,以便能够快速、准确、全面地从中找到用户所需要的信息。如果再结合全文检索,将检索结果用文本分类器进行自动分类,然后以分类目录的方式展示检索结果,方便用户浏览并快速找到所需信息,从而大幅提高检索效率与用户满意度。文本分类技术可以作为信息过滤、信息检索、搜索引擎、各单位数字化门户的技术基础,有着广泛的应用前景。

垃圾邮件的识别率是衡量一个电子邮件系统服务质量的重要指标之一,本小节主要介绍利用邮件正文文本特征实现邮件分类。识别垃圾邮件有很多种技术,包括关键词识别、IP 黑白名单、分类算法、反向 DNS 查找、意图分析技术链接 URL 等。其中,使用分类算法识别垃圾邮件是目前常用的方法,识别效果比较理想。它首先收集大量的垃圾邮件和非垃圾邮件,建立垃圾邮件库和非垃圾邮件库,然后提取其中的特征,并训练分类模型。邮箱系统运行时,利用分类模型对收到的邮件进行甄别。

本例使用的邮件来自于 Trec06C 数据集,由 Trec(Text Retrieval Conference)国际文本信息检索会议提供,是目前研究实验使用最多的中文垃圾邮件分类数据集。Trec06C 数据集包含 64 620 封邮件,其中正常邮件 21 766 封,垃圾邮件 42 854 封。Trec06C 数据集将每封邮件保存为一个单独的文件,包含发件人、收件人、标题、正文及附件等完整信息(格式如图 13.16 所示),另外用一个 index 文件保存记录所有邮件的类别:垃圾邮件(spam)、正常邮件(ham)。本例需要对邮件做预处理,提取邮件正文,去掉换行符和多余空格等。

图 13.16　Trec06C 数据集的邮件格式

1. 数据处理

从 Trec06C 数据集中逐个读取邮件内容,提取发件人(From)、收件人(To)、邮件主题(Subject)、邮件正文(Text)作为邮件特征,每封邮件 4 个特征在文件中保存为一行文本,其中文本前面为垃圾邮件,后面为正常邮件。mailcorpus.txt 文件的格式如图 13.17 所示。

这里介绍在数据预处理阶段需要用到的包。在进行预处理阶段需要对文件夹的文件进行相应的操作,采用 os 包的 listdir() 方法,用于返回指定的文件夹包含的文件或文件夹的名字的列表。base64 包是用来作 Base64 编码/解码的,这种编码方式在电子邮件中是很常见的,它可以把不能作为文本显示的二进制数据编码为可显示的文本信息。defaultdict 包的作用是当字典里的 key 不存在但被查找时,返回的不是 keyError 而是一个默认值。re 包是 Python 独有的匹配字符串的模块,该包中提供的很多功能是基于正则表达式实现的,而正则表达式是对字符串进行模糊匹配,提取自己需要的字符串部分,它对所有的语言都通用。

图 13.17 mailcorpus.txt 文件的格式

参考代码如下：

```python
#1)数据预处理:从数据集中逐个读取邮件内容,形成一个与图 13.17 类似的文本文件
# 提取发件人(From)、收件人(To)、邮件主题(Subject)、邮件正文(Text) 作为邮件特征
import os
import re
import base64
import pandas as pd
from collections import defaultdict
# 去掉非中文字符
def clean_str(string):
    string = re.sub(r"[^\u4e00 - \u9fff]", " ", string)
    string = re.sub(r"\s{2,}", " ", string)         # 能直接变成一个字符串 可以在 txt 文
                                                     # 件中写成一行
    return string.strip()
# 存为 dataframe 类型,标签从字符串改为 0,1 数值(1 是垃圾邮件 0 是正常邮件)
def Index_File():
    """index 文件 路径 -- 标签 对照表"""
    index_file = 'trec06c\\full\\index'
    f = codecs.open(index_file, 'r', encoding = 'gbk', errors = 'ignore')
    table = defaultdict(list)
    for line in f:
        label, path = line.strip().split()
        if label == 'spam':                          # 是垃圾邮件
            label = 1
        else:
            label = 0
        table['label'].append(label)
        table['path'].append(path)
    table = pd.DataFrame(data = table)
    return table
# 提取 4 个特征
# 1.提取发件人
def From_email(email):
```

```
        # 发件人
        # 先提取 From 后的所有内容
        try:
            From_raw = re.search(r'From: (. * )', email).group(1)
        except:
            From_raw = ''
        From = ''
        # 先看看有没有加密部分 有加密部分就解密
        name = re.search(r' = \?GB2312\?B\?(. * )\? = ', From_raw, re.I)    # name 保存加密部分
        if name is None: # 没有加密部分
            name = ''
            # 没有加密部分,就保留串的所有内容
            From = From_raw
        else: # 有加密部分
            name = name.group(1)
            try:
                name = base64.b64decode(name).decode('gb2312')
            except:
                try:
                    name = base64.b64decode(name).decode('gbk')
                except:
                    name = ''
            From = name + re.search(r'\? = (. * )', From_raw).group(1)
        # print('From: ', From)
        return From
# 2. 提取收件人
def To_email(email):
        # 收件人
        To = re.search(r'^To: (. * )', email, re.M | re.I).group(1) # re.M 从每行文本开头的位置
        //开始匹配
        # print('To: ', To)
        return To
# 3. 提取主题
def Subject_email(email):
        # 主题
        Subject = re.search(r' = \?gb2312\?B\?(. * )\? = ', email)
        if Subject is None:
            Subject = ''
        else: # subject 有内容
            Subject = Subject.group(1)
            Subject = base64.b64decode(Subject)                # 解密
            try:
                Subject = Subject.decode('gb2312')            # 解码
            except:
                try:
                    Subject = Subject.decode('gbk')            # 解码
                except:
                    Subject = ''
        # print('Subject: ', Subject)
        return Subject
# 4. 提取正文
def Text_email(email):
        # 正文
        Text = re.search(r'\n\n(. * )', email, re.S).group(1)
        Text = clean_str(Text) # 剔除了非中文字符
        # print('正文: \n', Text)
```

```python
        return Text
if __name__ == '__main__':
    """主函数"""
    # 获取 路径-- 标签 对照表
    table = Index_File()
    i = 0
    j = 0
    path = 'trec06c\\data'
    dirs = os.listdir(path) # ['000','001',...]
    for dir in dirs: # 文件夹
        dir_path = path + '\\' + dir
        files = os.listdir(dir_path) # ['000','001',...]
        for file in files: # 数据文件
            file_path = dir_path + '\\' + file
            f = codecs.open(file_path, 'r', 'gbk', errors = 'ignore')
            email = ''                              # 存储一封邮件的所有内容
            for line in f: # 每一行
                email += line
            # 打印文件路径
            index = '../data/' + dir + '/' + file
            print(index)
            # 提取特征
            # 发件人
            From = From_email(email)
            # 收件人
            To = To_email(email)
            # 主题
            Subject = Subject_email(email)
            # 正文
            Text = Text_email(email)
            print('*' * 100)
            f.close()
            flag = table[table['path'] == index]['label'].values[0]
            if flag == 1:
                f = open('trec06c\\data\\spam.txt', 'a', encoding = 'utf8')
                i += 1
            elif flag == 0:
                f = open('trec06c\\data\\ham.txt', 'a', encoding = 'utf8')
                j += 1
            # 保存成一行用<<<<<分隔
            f.write(From + '<<<<<' + To + '<<<<<' + Subject + '<<<<<' + Text + '\n')
            f.close()
```

上述代码执行完后,会生成 spam.txt 和 ham.txt,其中 spam.txt 存入的是垃圾邮件,ham.txt 存入的是正常邮件。将垃圾邮件复制到 mailcorpus.txt 文本前面,正常邮件复制到 mailcorpus.txt 文本后面,最终形成 mailcorpus.txt 文本。

2. 构建文本分类特征训练集

机器学习的分类算法要求将数据集表示为特征矩阵,矩阵每行表示一条文本的特征。这里特征使用词袋模型或 TF-IDF 模型提取,得到的 $m \times n$ 的矩阵 X,其中 m 为 10 000,n 为文本集的字典词条数目。垃圾邮件识别是二分类问题,标签向量 y 的长度为 m,元素值为 0 或者 1。

从 mailcorous.txt 文本中随机抽取 5000 封垃圾邮件,5000 封正常邮件,采用词袋模型提取特征向量 X,最后构造标签向量 y,代码如下:

```
# 从原始数据集中各抽取 5000 个样本
# 垃圾邮件 42 854 封,正常邮件 21 766 封
# 设置随机种子
k = 5000,
random_state = 10
random.seed(random_state)
# 正常邮件的
ham_range = range(0, 21766)
ham_rdnum = random.sample(ham_range, k)
# 垃圾邮件的
spam_range = range(21766, 64620)
spam_rdnum = random.sample(spam_range, k)
train_file = open('mailcorous.txt', encoding = 'utf - 8')
# 加载训练数据
corpus = train_file.readlines()            # 列表中的每个元素为一行文本 也就是一封邮件
# 包含 4 个特征
split_corpus = []
# 分词
for i, c in enumerate(corpus):
    if i in ham_rdnum:
        split_corpus.append(" ".join(jieba.lcut(c)))      # 前 k 个 -- 正常邮件
for i, c in enumerate(corpus):
    if i in spam_rdnum:
        split_corpus.append(" ".join(jieba.lcut(c)))      # 后 k 个 -- 垃圾邮件
train_file.close()
cv = CountVectorizer(token_pattern = r'(?u)\b\w\w + \b')
X = cv.fit_transform(split_corpus).toarray()       # 特征向量
# 垃圾邮件是 1 正常邮件是 0
y = [0] * k + [1] * k
```

3. 模型训练和验证

日常生活中看到一个陌生人,要做的第一件事情就是判断这个人性别,判断性别的过程就是一个分类的过程。根据以往的经验,通常会从身高、体重、鞋码、头发长短、服饰、声音等角度进行判断。这里的"经验"就是一个训练好的关于性别判断的模型,其训练数据是日常生活中遇到的各式各样的人,以及这些人实际的性别数据。朴素贝叶斯算法作为经典机器学习算法之一,它是常用的贝叶斯分类方法,也是为数不多的基于概率论的分类算法,其原理简单,也很容易实现,多用于文本分类,例如垃圾邮件过滤等。

朴素贝叶斯的原理阐述如下。

假设问题的特征向量为 X,$X_i = \{X_1, X_2, \cdots, X_n\}$ 是特征属性之一,并且 X_1,X_2,$\cdots$,X_n 之间是相互独立的,Y 代表样本的类别,那么 $P(X|Y)$ 可以分解为多个分量的积,即有

$$P(X \mid Y) = \prod_{i=1}^{n} P(X_i \mid Y)$$

那么这个问题就可以由朴素贝叶斯算法来解决,即

$$P(Y \mid X) = \frac{P(Y) \prod_{i=1}^{n} P(X_i \mid Y)}{P(X)}$$

其中,$P(X)$ 是常数,先验概率 $P(Y)$ 可以通过训练集中每类样本所占的比例进行估计。给定 $Y = y$,如果要估计测试样本 X 的分类,那么朴素贝叶斯分类可以得到 y 的后验概率为

$$P(Y=y \mid \boldsymbol{X}) = \frac{P(Y=y)\prod_{i=1}^{n}P(X_i \mid Y=y)}{P(\boldsymbol{X})}$$

因此最后只需要找到使 $P(Y=y)\prod_{i=1}^{n}P(X_i \mid Y=y)$ 最大的类别 y 即可。

 小贴士

$P(A \mid B)$ 表示事件 B 已经发生的前提下,事件 A 发生的概率,叫作事件 B 发生条件下事件 A 发生的条件概率。其基本求解公式为

$$P(A \mid B) = \frac{P(AB)}{P(B)}$$

可以很容易得出 $P(A \mid B)$,但更关心如何求解 $P(B \mid A)$,贝叶斯定理就打通了从 $P(A \mid B)$ 获得 $P(B \mid A)$ 的道路。当 A、B 相互独立时,则有

$$P(AB) = P(A) \cdot P(B \mid A) = P(B) \cdot P(A \mid B)$$

得到贝叶斯定理:

$$P(A \mid B) = \frac{P(B \mid A)P(A)}{P(B)}$$

下面将数据集随机切分为训练集(70%)和测试集(30%),采用朴素贝叶斯算法训练模型,代码如下:

```
from sklearn.naive_bayes import MultinomialNB

# 创建朴素贝叶斯模型
mlt = MultinomialNB(alpha = 1.0)
# 切分训练集和测试集
X_train, X_test, y_train, y_test = train_test_split(X, y, test_size = 0.3, random_state = 0)
mlt.fit(X_train, y_train)
# 对朴素贝叶斯模型进行评估
y_pred_mlt = mlt.predict(X_test)
print("准确率:\n", mlt.score(X_test, y_test))
print("分类汇报:\n", metrics.classification_report(y_test, y_pred_mlt))
print("混淆矩阵:\n", metrics.confusion_matrix(y_test, y_pred_mlt))
```

使用朴素贝叶斯模型在训练集上进行学习后,使用测试集来评估模型,然后查看准确率、召回率、F1 值(F1-score)等。从图 13.18 可以看出,该模型的 F1-score 值为 0.96,说明该模型是一个不错的模型。

```
准确率:
 0.9566666666666667
分类汇报:
              precision    recall  f1-score   support

           0       0.95      0.96      0.96       144
           1       0.96      0.96      0.96       156

    accuracy                           0.96       300
   macro avg       0.96      0.96      0.96       300
weighted avg       0.96      0.96      0.96       300

混淆矩阵:
 [[138   6]
 [  7 149]]
```

图 13.18　文本分类用于垃圾邮件分类识别效果

上例中使用混淆矩阵作为判断分类算法优劣的指标。其基本形式如表 13.3 所示，二元分类的类别值为 Positive(正)与 Negative(负)。

表 13.3 混淆矩阵

混 淆 矩 阵		真 实 值	
		Positive	**Negative**
预测值	Positive	TP	FP
	Negative	FN	TN

混淆矩阵包含 4 个一级指标、4 个二级指标和 1 个三级指标。

一级指标是值 TP(True Positive)、FP(False Positive)、FN(False Negative)、TN(True Negative)，其中，TP 指样本类别为正，模型预测的类别结果也是正；FP 指样本为负，但模型预测结果为正；FN 指样本为负，模型预测结果为负；TN 指样本为正，但模型预测结果为负。

二级指标根据一级指标延伸而出，包括准确率、精确率、召回率和特异度，具体格式及意义如表 13.4 所示。

表 13.4 评价分类结果的 4 个二级指标

名 称	公 式	意 义
准确率	$Accuracy = \dfrac{TP+TN}{TP+TN+FP+FN}$	分类模型所有判断正确的结果占总观测值的比例
精确率	$Precision = \dfrac{TP}{TP+FP}$	在模型预测是 Positive 的所有结果中，模型预测对的比例
召回率	$Recall = \dfrac{TP}{TP+FN}$	在真实值是 Positive 的所有结果中，模型预测对的比例
特异度	$Specificity = \dfrac{TN}{TN+FP}$	在真实值是 Negative 的所有结果中，模型预测对的比例

三级指标由二级指标及 F1-score 延伸而出，它同时兼顾了分类模型的准确率和召回率，公式如下：

$$F1\text{-score} = \frac{2PR}{P+R}$$

其中，P 代表准确率，R 代表召回率。F1-score 的最大值为 1，最小值为 0，数值越大代表模型效果越好。TP、FP、FN、TN 即为评价预测结果的一级指标，TP 和 TN 的情况越多越好。

参考文献

［1］　朱春旭.Python 数据分析与大数据处理——从入门到精通［M］.北京：北京大学出版社,2019.

［2］　李士华.统计软件应用与实训教程［M］.北京：清华大学出版社,2019.

［3］　贾俊平.统计学基础［M］.4 版.北京：中国人民大学出版社,2019.

［4］　山内长承.Python 文本数据分析与挖掘［M］.张倩南,刘博,译.北京：中国青年出版社,2021.

［5］　BROWNLEY C W.Python 数据分析基础［M］.陈光欣,译.北京：人民邮电大学出版社,2017.

［6］　MCKINNEY W.利用 Python 进行数据分析［M］.徐敬,译.北京：机械工业出版社,2018.

［7］　崔庆才.Python 3 网络爬虫开发实践［M］.北京：人民邮电大学出版社,2018.

［8］　李宁.Python 爬虫技术：深入理解原理、技术与开发［M］.北京：清华大学出版社,2020.

［9］　曾剑平.Python 爬虫大数据采集与挖掘［M］.北京：清华大学出版社,2020.

图 书 资 源 支 持

感谢您一直以来对清华版图书的支持和爱护。为了配合本书的使用，本书提供配套的资源，有需求的读者请扫描下方的"书圈"微信公众号二维码，在图书专区下载，也可以拨打电话或发送电子邮件咨询。

如果您在使用本书的过程中遇到了什么问题，或者有相关图书出版计划，也请您发邮件告诉我们，以便我们更好地为您服务。

我们的联系方式：

清华大学出版社计算机与信息分社网站：https://www.shuimushuhui.com/

地　　　址：北京市海淀区双清路学研大厦 A 座 714

邮　　　编：100084

电　　　话：010-83470236　　010-83470237

客服邮箱：2301891038@qq.com

QQ：2301891038（请写明您的单位和姓名）

资源下载： 关注公众号"书圈"下载配套资源。

资源下载、样书申请

书 圈

图书案例

清华计算机学堂

观看课程直播